U0232791

中国科普大奖图书典藏书系

追寻鸟的美丽

观鸟手记

李明璞　李云飞◎著

长江出版传媒　湖北科学技术出版社

图书在版编目（ＣＩＰ）数据

追寻鸟的美丽：观鸟手记 / 李明璞，李云飞著. —
武汉 ：湖北科学技术出版社，2017.4
（中国科普大奖图书典藏书系）
ISBN 978-7-5352-8514-0

Ⅰ. ①追… Ⅱ. ①李… ②李… Ⅲ. ①鸟类－普及读物
Ⅳ. ①Q959.7-49

中国版本图书馆CIP数据核字（2017）第071938号

责任编辑：刘 辉 高 然 傅 玲 　　　　　　封面设计：胡 博

出版发行：湖北科学技术出版社 　　　　　电话：027-87679450
地　　址：武汉市雄楚大街 268 号 　　　　邮编：430070
　　　　　（湖北出版文化城 B 座 13-14 层）
网　　址：http://www.hbstp.com.cn

印　　刷：武汉立信邦和彩色印刷有限公司 　　　邮编：430026

700×1000　　　1/16 　　　　　10.5 印张　 2 插页　 139 千字
2017 年 4 月第 1 版 　　　　　　　2017 年 4 月第 1 次印刷
　　　　　　　　　　　　　　　　　　　定价：38.00 元

总　序
ZONGXU

　　我热烈祝贺"中国科普大奖图书典藏书系"的出版！"空谈误国，实干兴邦。"习近平同志在参观《复兴之路》展览时讲得多么深刻！本书系的出版，正是科普工作实干的具体体现。

　　科普工作是一项功在当代、利在千秋的重要事业。1953年，毛泽东同志视察中国科学院紫金山天文台时说："我们要多向群众介绍科学知识。"1988年，邓小平同志提出"科学技术是第一生产力"，而科学技术研究和科学技术普及是科学技术发展的双翼。1995年，江泽民同志提出在全国实施科教兴国的战略，而科普工作是科教兴国战略的一个重要组成部分。2003年，胡锦涛同志提出的科学发展观则既是科普工作的指导方针，又是科普工作的重要宣传内容；不是科学的发展，实质上就谈不上真正的可持续发展。

　　科普创作肩负着传播知识、激发兴趣、启迪智慧的重要责任。"科学求真，人文求善"，同时求美，优秀的科普作品不仅能带给人们真、善、美的阅读体验，还能引人深思，激发人们的求知欲、好奇心与创造力，从而提高个人乃至全民的科学文化素质。国民素质是第一国力。教育的宗旨，科普的目的，就是为了提高国民素质。只有全民的综合素质提高了，中国才有可能屹立于世界民族之林，才有可能实现习近平同志最近提出的中华民族的伟大复兴这个中国梦！

　　新中国成立以来，我国的科普事业经历了 1949—1965 年的创立与发展阶段；1966—1976 年的中断与恢复阶段；1977—

1990 年的恢复与发展阶段；1990—1999 年的繁荣与进步阶段；2000 年至今的创新发展阶段。60 多年过去了，我国的科技水平已达到"可上九天揽月，可下五洋捉鳖"的地步，而伴随着我国社会主义事业日新月异的发展，我国的科普工作也早已是一派蒸蒸日上、欣欣向荣的景象，结出了累累硕果。同时，展望明天，科普工作如同科技工作，任务更加伟大、艰巨，前景更加辉煌、喜人。

"中国科普大奖图书典藏书系"正是在这 60 多年间，我国高水平原创科普作品的一次集中展示，书系中一部部不同时期、不同作者、不同题材、不同风格的优秀科普作品生动地反映出新中国成立以来中国科普创作走过的光辉历程。为了保证书系的高品位和高质量，编委会制定了严格的选编标准和原则：一、获得图书大奖的科普作品、科学文艺作品（包括科幻小说、科学小品、科学童话、科学诗歌、科学传记等）；二、曾经产生很大影响、入选中小学教材的科普作家的作品；三、弘扬科学精神、普及科学知识、传播科学方法，时代精神与人文精神俱佳的优秀科普作品；四、每个作家只选编一部代表作。

在长长的书名和作者名单中，我看到了许多耳熟能详的名字，备感亲切。作者中有许多我国科技界、文化界、教育界的老前辈，其中有些已经过世；也有许多一直为科普事业辛勤耕耘的我的同事或同行；更有许多近年来在科普作品创作中取得突出成绩的后起之秀。在此，向他们致以崇高的敬意！

科普事业需要传承，需要发展，更需要开拓、创新！当今世界的科学技术在飞速发展、日新月异，人们的生活习惯和工作节奏也随着科学技术的进步在迅速变化。新的形势要求科普创作跟上时代的脚步，不断更新、创新。这就需要有更多的有志之士加入到科普创作的队伍中来，只有新的科普创作者不断涌现，新的优秀科普作品层出不穷，我国的科普事业才能继往开来，不断焕发出新的生命力，不断为推动科技发展、为提高国民素质做出更好、更多、更新的贡献。

"中国科普大奖图书典藏书系"承载着新中国成立60多年来科普创作的历史——历史是辉煌的，今天是美好的！未来是更加辉煌、更加美好的。我深信，我国社会各界有志之士一定会共同努力，把我国的科普事业推向新的高度，为全面建成小康社会和实现中华民族的伟大复兴做出我们应有的贡献！"会当凌绝顶，一览众山小"！

中国科学院院士
华中科技大学教授　　　杨叔子　二〇一二
　　　　　　　　　　　　　　　　九·廿八

前　言

2003 年，因工作的关系，我对湖北湿地保护进行调研。在调研中我知道了鸟与湿地的关系，鸟与人类的关系，知道了有"观鸟"这样一项活动。于是我开始学着参与，从此便一发不可收。

一开始只认为这是一项锻炼身体、陶冶情操的休闲活动。随着参与的不断深入，逐渐认识到，它既是一种充满趣味和魅力的科学普及活动，而且还是一个没有说教，寓教于乐的环境保护教育的好方法，从而深深地喜欢上了这项活动。不久，我的爱人也参加进来，从此我们乐此不疲。

周末和休息日我们会换好服装，背上行囊，到野外去寻找那大自然的精灵。当我们聆听着鸟儿悦耳的鸣声，观赏鸟儿优雅的身姿和色彩炫丽的羽毛时，似乎触摸到了大自然的脉搏，一种心情的愉悦和享受随之而来。

每次观鸟回来，我们都认真整理观鸟记录，并将这些记录上传到观鸟记录中心，使它成为一个公共资源，与大家分享。

我们有时会为一个鸟种的辨识展开讨论甚至争论，结果并不是最重要的，探寻自然秘密的过程，充分满足着我们对大自然的热爱。

我们还会参加许多与观鸟有关的活动，讲座、讨论、比赛等，在这里与鸟友们交流，分享着观鸟的乐趣。

我们用自己拍摄的鸟儿漂亮图片与学习到的关于鸟的知识，编成小册子或者折页，遇有机会就将它们无偿的送给有兴趣的人们和小朋友，让他们在其中了解关于鸟的知识，关注鸟的生活。

　　当我们享受着观鸟的全部乐趣时，我们也想到应该把这项活动介绍给更多的朋友，希望能有更多的人分享走进大自然的快乐和感受。于是我们把我们的观鸟经历和感受写了下来⋯⋯

　　既然观鸟是一项活动，它就有自己的活动规则或者说是方法。只有掌握了观鸟的规则你才能领略到这项活动的全部乐趣。因此，在本书中，我们根据自己观鸟的经历，比较全面地介绍了观鸟的基础知识，如观鸟活动的由来和发展，观鸟的基本方法，设备的使用和鸟种的辨识，关于鸟的知识和奇闻趣事，以及我们观鸟的心得、体会和心情等。为了使本书更有科普的功效，我们也将穿插一些关于湿地、环境以及鸟类的科学知识。当然，为了不至于枯燥乏味，这些知识的介绍，我们会将它们编织在在观鸟活动的过程中，让本书更有可读性。

　　当你翻完这本书的最后一页时，如果你对大自然有了更多一点的了解，对于生态环境的重要性有了更深的认识，特别是如果你也准备拿起望远镜，参加观鸟活动，我想，我们写这本书的目的也就达到了。

观鸟篇

观鸟是你一生进入大自然的门票

Birdwatching is your lifetime ticket to the theater of nature ▲

——西方谚语

一、观鸟的由来与发展

鸟、自然与人

鸟，是飞翔的精灵！

人们对鸟最初和最深的印象，是绝大多数鸟类都会飞行。正是鸟的这种特性，使它充满了神秘感，人们往往对它是可望而不可即。

在自然界，鸟是所有脊椎动物中外形最美丽，声音最悦耳，最深受人们喜爱的野生动物之一。从冰天雪地的两极，到世界屋脊，从波涛汹涌的海洋，到茂密的丛林，从寸草不生的沙漠，到人烟稠密的城市，几乎都有鸟类的踪迹。

鸟的种类很多，在脊椎动物中仅次于鱼类。目前自然界中为人所知的鸟类一共有9000多种，估计有1000亿只。据统计，我国现有野生鸟类1450余种，约占世界鸟类种数的14%，其中我国特有种69种。

与其他陆生脊椎动物相比，鸟是一个拥有很多独特生理特点的种类。不同种类的鸟在体积、形状、颜色以及生活习性等方面，都存在着很大的差异。体型最大的要数鸵鸟，它是鸟中的"巨人"。非洲鸵鸟体高可达2.75米，最重的可达165.5千克。体型最小的吸蜜蜂鸟 (Mellisuga helenae) 体长只有50毫米左右，体重约2克。

鸟能飞翔，但并不是所有的鸟都可以飞起来。比如鸵鸟双翅已退化，胸骨小而扁平，没有龙骨突起，不能飞翔。企鹅则是退化了的海鸟，双翅变成鳍状，失去了飞翔能力，却学会了游泳。在会飞的鸟中，飞得最高的要算秃鹜,飞行高度可在9000米以上。飞行最快的是苍鹰,短距离飞行最快时速可达600多千米。飞行距离最长的则是燕鸥,可从南极飞到遥远的北极,行程约1.76万千米。

亿万年的进化,大自然造就了千姿百态、习性各异的鸟类,它们的大多数是杂食性,在大自然的食物链中扮演着自己的角色。每年春天和秋天,许多鸟类都会成群结队地迁徙。它们遮天蔽日地在天空中飞行,或是从营巢地移至越冬地,或是从越冬地返回营巢地。每当大地回春,鸟类便开始了一年一度的求爱、营巢、生殖、孵卵和育雏等生命周期。

鸟是人类的朋友,千百年来它们便是人类生产、生活的守护者。

鸟类多数以昆虫为食,是农田、果园中各种害虫的天敌和克星。我国科学家曾做过这样的研究:大山雀的主要食物是对森林和农作物有害的昆虫。一对大山雀在哺育幼鸟期间,每天可啄食昆虫300～500只,大山雀的繁殖周期通常为16天,也就是说,一对大山雀在一个繁殖周期里可以消灭数千只害虫。

还有猫头鹰和老鹰等猛禽,它们大多以老鼠等啮齿类动物为食,对控制农业、林业鼠害以及危险疫病的传播,有着重要的贡献。猫头鹰的食物中99%是啮齿类动物,一只猫头鹰一个夏季所消灭的老鼠,相当于保护了1吨粮食。

一些以植物种子为食的鸟类,则担当了植

红头长尾山雀

物繁衍的传播者。很多植物种子经过鸟类消化道后，在泥土中更容易萌发。蜂鸟、食蜜鸟、太阳鸟、啄花鸟、绣眼鸟等嗜食花蜜的鸟类，对有花植物的授粉有明显作用。

自然界中的鸟种近万，数以千亿计，可想而知，它们对人类的贡献的确是难以估计的。

鸟儿也是人类的老师，它们给人类带来了许多启示：人们看到天空中的飞鸟，想到了可以制造一种能把人带到天空中的机器，从而发明了飞机；老鹰的眼睛异常敏锐，启发人们研究对运动目标敏感、调节迅速，能准确无误地识别目标的人工鹰眼；鸟类的迁徙的特性，启示人们依靠辨认太阳的位置，星星的方位，感觉地球磁场的变化，利用地球的重力场等制造导航设备；时装设计师们看到鸟儿羽毛的色彩与搭配，产生了许多设计的灵感。在现代仿生学中，鸟儿是人类的老师。

鸟类最重要的作用，在于它们是自然生态系统的组成部分。我们知道，在一个生态系统中，只有生物种类和数量足够的多，这个生态系统才是稳定的。鸟类因其种类和数量的巨大，在维护生态平衡中发挥着重要作用。如

集群的白头鹎　鸟类是大自然生态系统的重要组成部分

果没有这些鸟类,自然界的生态平衡必然受到干扰。

值得注意的是,据统计,自人类出现以来,平均每83年就有一种鸟类消失。随着人类对自然界的大规模开发,给鸟类的生存带来极大的威胁。森林是鸟类赖以生存的场所,可是目前地球上的森林仍以每年1100万公顷的速度在减少,使许多鸟类失去了生存的环境。

河岸滩地、湖汉池塘是多种禽鸟的良好栖息、繁殖场所,不适当的垦滩造地和围湖造田,破坏了涉禽、游禽的生存环境。湿地的消失,使很多水禽丧失了栖息地。

环境污染和人为的捕杀也极大地危害着鸟类。

鸟类的减少,最终受害的是人类自己。因此,关注鸟儿,就是关注我们赖以生存的环境,就是关心我们自己的家园。

为了改变鸟类日益减少和许多珍禽濒临灭绝的境况,世界许多国家都采取了相应措施,并制定法规,缔结了40多个国际保护鸟类的协定和公约,重要的有:《国际重要湿地特别是作为水禽栖息地的湿地公约》《野生动物迁徙物种保护公约》等。

从1982年开始,我国各级林业部门和野生动物保护协会持续不断地每年开展"爱鸟周"科普宣传活动,"爱鸟周"已经成为人们亲近自然、了解自然、促进人与自然和谐发展的

"爱鸟周"已经成为人们亲近自然、了解自然,促进人与自然和谐发展的一项重要的文化活动

一项重要的文化活动。与之相配合的观鸟、爱鸟和护鸟活动，也成为当代新的风尚和生态文明建设的一道靓丽风景线。

▶▶ 小贴士：

我国"爱鸟周"的由来

为开展爱鸟护鸟的宣传教育，1981年9月25日，国务院发出了批转林业部等部门"关于加强鸟类保护，执行中日候鸟保护协定的请示"的通知，建议由各省、自治区、直辖市作出规定，在每年的4月至5月初确定一个星期为爱鸟周。据此，各省、自治区、直辖市先后规定了自己的爱鸟周。从1982年起，我国各地每年都开展爱鸟周活动，在爱鸟周期间，积极开展各种宣传教育和保护鸟类的活动。

爱鸟先驱——奥杜邦

谈到爱鸟，不能不提到一位美国人，他就是奥杜邦（Audubon 1785—1851）。奥杜邦这个名字在世界上流传很广，一提到他，人们就会联想到爱鸟，联想起环境保护。

奥杜邦出生于海地，生长于法国，后随父亲移民到美国费城。他曾说在法国时他在法国著名画家大卫的指导下学习过绘画，而他家的邻居是一位有名的博物学家，因此使他在爱好生物和绘画艺术上都得到了很好的培养。

到美国后，他开始研究鸟类的习性，仔细观察它们，并且将它们画下来。他的绘画与此前欧洲和北美的画家不同，他以严谨的写实性和科学态度作画。他往往将鸟射杀下来，然后用绳子将被猎杀的鸟儿摆出它们活着的样子，再进行创作。为了达到逼真的效果，他甚至用1:1的比例来绘画，画出的鸟儿都是真实的尺寸，每幅画上都配上了与鸟儿生活环境相适应的背景。

经过多年的观察与创作，奥杜邦打算出版他的作品，但是在美国却没有人愿意资助他，而他自己也没有钱。于是，1826年他用妻子的积蓄来到欧洲寻找资助者。出乎意料的是,他的作品立刻得到了英法上流社会的热烈赞誉,他也成了伦敦、爱丁堡、巴黎等地艺术沙龙的座上宾。

在欧洲,奥杜邦顺利找到了赞助人和合作者,出版了他的第一本关于鸟的画册《北美野鸟图谱》(中译本名为《飞鸟天堂》)。第一批出版的版本被称为双象版(double-elephantfolio),尺寸巨大,宽75厘米,高100厘米,是史上最大的印刷图书。另外,他还在英国巡回展出和演讲。而这时,后来创立了科学生物进化学说"进化论"的达尔文还在聆听他演讲的人群之中。

欧洲经过13到16世纪的文艺复兴,带来一场科学与艺术革命,更激发了人们对科学和艺术的探索热情。奥杜邦作品的到来,让他们耳目一新,也给了他们很大启发。早有狩猎习俗的英国皇室与贵族,率先以更大的兴趣投身野外,他们或以猎杀猛兽标榜自己的英勇,或将猎物制成标本供人观赏,或如奥杜邦一样,将猎物包括鸟类猎杀后摆好姿态进行绘画。

奥杜邦的时代,为了观察和画鸟,不得不将鸟儿猎杀,对于这一点,他写道:"当我们射中的鸟儿坠落水面时,我现在还记得那种痛苦……"

也就在他那个年代,他亲眼看到狂野的荒原变成城镇、耕地和牧场,见证了珍禽奇兽的日渐减少甚至灭绝。于是他写下了这样的字句:

"请你在想象中与我一同遨游广袤无垠的西部大草原、落基地山脉中人迹罕至的峡谷和荒漠。我们愿在此表达一下我们深切但徒劳的遗憾——此处生息的远古时代物种的孑遗,现在也已所剩无几……它们也曾经生活、跃动,很久以前它们也曾栖息在森林、平原、山川和河湖,但如今它们不再是这些地方的主人。然而,我们还是希望,但愿我们的绵薄之力至少能让关于这些物种的知识不朽长存。"

在不长的时间里,奥杜邦的预言应验了。随着社会的发展和进步,地球的环境也在逐渐恶化。当常见的野生动物变得稀有和罕见的时候,人们开始认识到,环境的恶化最终将影响到人类的生存,而人类、动物和环境对地球是缺一不可的。这时,人们开始关注环境状况,注重保护环境和野生动物。

针对过去大肆杀戮野生动物而满足人们的新奇感和冒险情绪,有人提

007

出了"放下猎枪，拿起望远镜"的口号，提倡到大自然中去观察和欣赏野生动物，而不是屠杀它们。

应该说，"放下猎枪，拿起望远镜"是个划时代的口号，这个口号的提出，从根本上改变了人与野生动物的关系。人类不应该做奴役野生动物的主人，而应该与野生动物和平地共同生活在地球上。

在这种理念的倡导下，爱好大自然的人们逐渐放下手中的猎枪，纷纷拿起望远镜，到野外去观察野生动物，并从中取得乐趣。

随着这种活动的发展，观察野生动物逐渐形成了以观察不同种类野生动物的不同分支，而鸟类因其有着分布广泛，种类繁多，色彩丰富和容易接近等特点，逐渐成为人们追逐的目标，观鸟因此成为观察野生动物中最受人们喜爱的活动。

凭借《北美野鸟图谱》和《北美四足动物》，奥杜邦奠定了不朽英名。1851年，奥杜邦在美国逝世，享年65岁。他的著作激发了全美国人民对自然的兴趣和爱好。1905年美国奥杜邦协会成立，旨在观赏和保护鸟类，是一个地道的"鸟人"群体，是世界上最古老也是最大的国家自然保护组织。如今该协会已经成为全世界最大的民间鸟类保护协会。

《飞鸟天堂》（原名《北美野鸟图谱》）

观鸟平民化的推动者——彼特逊

观鸟活动开展的早期，参加的人仅局限于具有探险精神的贵族和博物学家们。这时的观鸟活动，不仅参加的人少，也没有规律可循，各人按自己的喜好进行。一直到1934年，一位美国的乡村教师，出版了《鸟类野外观察指南》，才改变了这种局面。

《鸟类野外观察指南》为更多的人打开了通往鸟类奇妙世界的方便之门，迅速将观鸟活动推向了成千上万热爱大自然的人们，完成了观鸟活动由贵族向平民的过渡。

这位乡村教师便是继奥杜邦之后的一位驰名世界的美国现代鸟类学家、博物学家和画家——彼特逊（R.T.Peterson 1908—1996）。

彼特逊是一位瑞典移民之子。小时候，他参加了七年级理科老师组织的国家奥杜邦协会的一个少年俱乐部，从那时候起他就开始喜欢鸟类了。

1931年，彼得斯来到马萨诸塞州（Massachusetts），布鲁克兰（Brookline）里弗斯乡村走读学校（Rivers Country Day School）担任教师。在那所学校任教的三年中，他一边继续他对鸟类的观察。一边整理他对识别鸟类的体会，他用图解的方法绘制了425种鸟类的500张图画，书中配以说明，并用箭头指向彩色的鸟儿和它们的羽毛、尾巴以及其他的特征，非常浅显易懂。鸟儿们的姿态也都非常自然，就像在大自然中看到它们时那样。他将这500张图画编辑成了《鸟类野外观察指南》一书。

很快，有出版商发现了他这本书的独特价值，马上予以出版，并取得了成功，出版之后的第一周就卖出了2000本。这本书不仅吸引了业余的鸟类观察者，也吸引了专业的鸟类学者。到20世纪90年代初期，《鸟类野外观察指南》以及它的修订版已经有了几百万本的销量。

《鸟类野外观察指南》奠定了现代观鸟活动的基础。首先，它告诉人们，观鸟并不是一件神秘不可及的事情，只需有一些并不昂贵的设备，学习一些观察辨认的知识就可到大自然中去领略观鸟的乐趣；其次，它建立了观鸟的基本规则，介绍了一些观鸟的基本方法和程序，强调在观鸟中应该做好记录，把随意观鸟变成有矩可循；第三，它把野外认鸟提升为一门科学。也就是说，观鸟除了娱乐以外，还可以作为一项业余科学考察活动来进行。

《鸟类野外观察指南》出版以后，在经济较发达的欧美国家非常受欢迎，观鸟也由少数人参加的活动，逐渐普及成为一项大众化的休闲科考活动。

全世界有近1万种鸟类生活在世界各地，而且每年有近百亿只鸟从繁殖地到越冬地往来迁徙，它们穿越大海、沙漠、丛林、城镇，从欧亚大陆飞向非洲，从遥远的西伯利亚飞向大洋洲；而小小的北极燕鸥一年要飞行几万千米，在南北极间往返穿梭，且能准确地回到繁殖地。大自然造就了千姿百态、绚丽多彩的鸟儿，吸引了世界无数爱鸟人的目光。人们在《鸟类野外观察指南》的指引下观察、欣赏和记录它们。

如今，在全世界范围内，观鸟人次已是以千万计，已经成为仅次于园艺的第二大"消遣式"活动。每年有上百万鸟类爱好者，远涉重洋到非洲、南美洲、印度尼西亚、墨西哥、俄罗斯、中国、南极、北极，专为一睹珍稀鸟种的芳颜。在英国，参与观鸟活动的人群占英国总人口的70％。而美国每年参加观鸟活动的人达到6000万人次，日本观鸟人数达到数百万人次，我国的台湾省赏鸟的人达到50万人次以上。

在全世界范围内，观鸟已经成为仅次于园艺的第二大"消遣式"活动

《鸟类野外观察指南》不仅方便了人们观鸟,同时,还提供了一整套观察自然的一般方法,这些方法后来扩展到自然界的各个领域,统称为《彼特逊自然观察指南丛书》,如《彼特逊星空指南》等。

彼特逊曾接受过专门的美术教育,也精通摄影技术。在奥杜邦的年代,虽然已发明了照相机,但那时的照相机实在是太笨拙,根本不可能带到野外去进行鸟类拍摄。而彼特逊就比奥杜邦幸运得多,20世纪初,摄影已经成为一门成熟的技术,而照相机也可以做得很小巧、精致。因此,彼特逊除了发挥他天才的绘画技术将鸟画得栩栩如生以外,还拍摄了大量的鸟类照片。

他的足迹几乎遍及全球,连南极洲也去过。他也拍摄过几部自然纪录电影片。他虽不是科班出身,但已成为美国自奥杜邦以来的最著名的鸟类学家。

1994年出版了他的鸟类画集和摄影集,极为精美,书名为《(R.T.彼特逊)世界著名爱鸟者的美术与摄影集》,全部彩印。

大自然的门票

"观鸟是你一生进入大自然的门票!"("Birdwatching is your lifetime ticket to the theater of nature!")这句西方谚语足以说明观鸟在西方文化中的地位。

观鸟英语通常用Birding来表达,而在美国学术界则用Birdwatching表达。观鸟在不同的汉语地区,也有不同的表达方式。如在我国大陆和香港等地称为观鸟,而在我国台湾则称为赏鸟,都是观赏鸟的意思。

观鸟活动通常是指人们利用节假日等休息时间结伴到大自然的山林、原野、海滨等野生鸟类的栖息地,在不影响鸟类正常活动的前提下,借助望远镜等光学工具,去寻找和认识鸟儿,欣赏鸟的自然美和有趣的行为。了解鸟类与自然环境以及与人类的关系,是一项文明、健康和时尚的活动。

观鸟活动进入我国大陆地区是十多年前的事情，是随着改革开放的步伐逐渐传入我国的一种先进文化。观鸟活动在我国的兴起，有着它历史的必然。

改革开放以来，有许多发达地区的经济组织和机构进驻北京。这些组织和机构的部分工作人员，在国内时就有观鸟的习惯和爱好。他们将这种习惯和爱好带来中国，在闲暇时候，带上望远镜到北京的天坛、香山等地去看鸟，还有的专门在鸟类迁徙季节到北戴河到去看鸟。

受他们的启发，以及人们逐渐对环境问题的关注与重视，北京的一些新闻工作者、环保志愿者结合中国民间环保普及教育工作，率先在北京发起观鸟活动。他们通过组织户外观鸟、鸟类调查、鸟类环志、课堂辅导、鸟类摄影展览、参加国际观鸟比赛等活动，把观鸟活动介绍给国人。

后来，我国的一些科研机构和大专院校，有部分长期从事鸟类和环境研究的专家学者也从专业研究扩展到大众的观鸟活动中来，他们的加入，将中国的观鸟活动大大向前推进了一步。

在这些活动中，北京师范大学主持的"周三课堂"成为观鸟者学习鸟类知识，介绍观鸟心得的教育基地，一批批中国观鸟高手和爱好者从这里培养出来；"绿家园""自然之友"等环保组织开办的鸟类专题讲座，为人们普及鸟类知识提供了帮助；广东教育学院进行的观鸟教育和活动，唤醒着人们爱鸟、护鸟和关注环境的意识；世界自然基金会中国网站专门在自然论坛中开辟的观鸟专区，成为全国观鸟人交流信息和心得的地方，是普及和传播鸟类知识，组织观鸟活动的重要平台。

香港的观鸟组织已成立60年，会员遍及五大洲。近年来，香港观鸟会每年都在大陆开展观鸟的推广活动，他们与内地的观鸟组织联合举办观鸟培训与讲座，为在大陆普及观鸟起到了很好的推动作用。台湾赏鸟人（台湾将观鸟称作赏鸟），经常组织会员到大陆来赏鸟旅游，增进了两岸人民的交往。

从2002年开始，我国有了全国性的观鸟赛事

　　人们发现，虽然观鸟只是一项休闲活动，但它搭载的东西可以很多，如环境教育、锻炼身体、知识学习、素质教育、民间科考等。因此，在十多年时间里，各地民间的观鸟组织如雨后春笋地组建起来。许多教师、学生、记者、编辑、机关干部、公司职员、离退休人员，先后接触并喜爱上了这一活动。他们在观鸟活动中享受到了学习的快乐，满足了童年就有的对认识大自然的渴望；找到了一种脱离城市的喧嚣与自然亲近的方式，找到了回归大自然的感觉。他们在空气清新的野外寻访鸟的踪迹，既锻炼了身体，也愉悦了心情。

　　观鸟活动引导人们到野外去观察、欣赏鸟儿，提倡人们对鸟类的关注。在这样的活动中学习关于鸟类与环境的相关知识，并逐渐知道鸟儿与我们身边的环境息息相关，是衡量环境的重要指标。鸟儿少了，表示我们的环境差了，只有鸟语花香才是环境好的标志。关爱鸟儿就是关爱人类自己。

　　因此，观鸟活动也是一种社会教育，它没有空洞的说教，而是寓教于乐，以润物细无声的方式将环境的理念逐渐植入人们的心中，引导和提高人们的环境意识。国际上常将观鸟活动的开展情况，作为衡量一个国家或地区

013

人们自然意识高低的一种标志。

正因为如此，观鸟活动从一开始便受到政府有关部门的关注和支持。从2002年开始，我国有了每年一届的全国性观鸟赛事——中国岳阳洞庭湖观鸟大赛（从2009年起改为每两年一届），紧接着又有了摄鸟年会、中国观鸟节等全国性的观鸟活动以及各地举办的观鸟活动。

政府的大力支持，大众的广泛参与，使中国的观鸟活动快速、健康地发展。如今，观鸟活动在我国正呈现逐渐普及、扩大的趋势，手持大自然门票的人越来越多。

观鸟活动在我国正呈现逐渐普及、扩大的趋势

"鸟人"

涉入观鸟，似乎有点偶然，但做一个"鸟人"却是必然。

2003年开始，我在为地方湖泊、湿地保护立法做一些前期的调研。

2004年，武汉发生了一起被称为"意杨事件"的破坏湿地的事情。

地处武汉市蔡甸区的沉湖珍稀湿地水禽自然保护区,是世界上同纬度地区生态保持最好的一处湿地。每年来此越冬的大雁、野鸭和天鹅等水鸟有数万只,栖息鸟类多达153种。还有众多国家一、二级保护鸟类东方白鹳、白鹤、灰鹤、天鹅、白琵鹭等。沉湖湿地被生态专家誉为"湿地水禽遗传基因保存库"。

2004年5月初,来此观鸟和调查的志愿者们发现沉湖湿地的核心区栽种了13.3平方千米意杨树苗。

由于大雁、野鸭和天鹅等冬候鸟的栖息地需要广阔草滩供它们起飞、着陆和采食之用,意杨的栽种,势必破坏冬候鸟的生存环境。大批候鸟从北方最近的一个落脚地飞到沉湖已是筋疲力尽,如果沉湖没有足够的湿地供它们栖息,补充食物,后果将十分严重。另外当地还有个别用枪打,下药毒大雁、野鸭的行为,也为冬候鸟的生存带来了危险。

志愿者们一边向有关部门和专业人士反映,以期待引起政府和社会的重视,一边与有关部门进行沟通,探讨合作,并组织志愿者进村入户宣传鸟类保护知识。

后来,在政府的重视和社会的广泛关注下,意杨树苗被清除,恢复了湿地原来的地貌。

关于"意杨事件",志愿者们常在世界自然基金会(WWF)中国网站自然论坛中讨论,我经常上去浏览,也与志愿者讨论对湖泊和湿地立法保护的问题。

对这样一批对环境十分关注,有自己的思路并且勇于付之行动的人,我很想认识一下,于是,我们从线上到线下,从一个虚拟的世界走到现实社会中。

我们约好在武汉大学的一间实验室见面,聚到一起后才知道,他们多数是武汉大学相关专业的本科生和研究生,也有个别从事媒体工作的人员。当然同时也知道了,他们都是观鸟爱好者。

当天我们聊得很投机,讨论结束的时候,他们告诉我,过几天有个观鸟活动,邀请我参加,我欣然答应。

观鸟活动在武汉中科院植物园进行。这一天来了20多人。这是一群自称为"鸟人"的人。在这里让我知道了观鸟人有一个有趣的称呼，他们喜欢把自己称为"鸟人"。"鸟人"这个在古籍书中常被作为骂人的词语，在这里却是观鸟人引以为自豪的称谓。

这群人中除了学生之外，还有各种行业、不同年龄的人员，最引人注目的是武汉大学的一位外教，罗尔夫先生，一位痴迷的观鸟爱好者。

听人介绍，罗尔夫在中国出生，曾移居丹麦、非洲、美国、澳洲。为了研究鸟类，他走遍了包括南极洲在内的世界7大洲50多个国家，看到过全球鸟类总数的一半。为了观察东方特有的鸟类，他在中国找了份工作，边工作边观鸟。

罗尔夫小时候在书上看到红腹锦鸡，问父亲在何处可以找到这么美丽的生物，父亲告诉他在中国。2004年，他终于来到中国，在秦岭看到红腹锦鸡的那一刻，欣喜若狂。在武汉植物园第一次见到中国特有的画眉鸟时，63岁的老人开心得像个孩子一样大叫起来。他告诉别人，他自己一生中最快乐的时光就是观鸟，观鸟伴随了他的一生。

从罗尔夫先生身上，

"鸟人"罗尔夫先生

红腹锦鸡

我认识了一个真正的"鸟人"。

活动开始，大家一边缓慢的行走，一边举起望远镜仔细寻找地上、树上的鸟儿，然后把它们辨认出来，记在小本子上。

大家不时停下脚步，驻足观察和交流。有时是有人看到了好看的鸟，招呼大家共同分享，有时则是拿出图册，为鸟的辨识进行讨论。来到了湖边，架起只有一个镜筒的单筒望远镜，向湖面搜索，在肉眼几乎看不见的地方，找到了几只野鸭子，于是大家开始轮流观看……

植物园不大，活动半天就结束了，虽然时间不长，但却给我留下了极深的印象，也知道了观鸟活动应该怎样进行，以及需要什么样的装备和提前做什么功课等。

人类与大自然有一种天然的情愫，和许多人一样，中央电视台的动物世界以及其他关于大自然的节目常让我沉迷其中，在那里似乎能感受到大自然的脉动。

观鸟让我体验了现实版的动物世界，做一个鸟人也就成了必然，从此观鸟开始进入我的生活。

中国科普大奖图书典藏书系

　　不久，我的妻子也参加进来。周末和休息日我们会换好服装，背着行囊，到野外去寻找那大自然的精灵；节假日和休年假时，我们会专门去到某个地方，寻找我们的目标鸟种。当我们聆听着鸟儿悦耳的鸣声，观赏鸟儿优雅的身姿和色彩炫丽的羽毛时，似乎触摸到了大自然的脉搏，一种心情的愉悦和享受随之而来。

我们的观鸟照

二、观鸟为什么受欢迎

观鸟的定义

如果我们要为观鸟给出一个科学的定义的话,可以这样来表述:观鸟是指借助望远镜等光学工具,到野生鸟类的活动与栖息地,在不影响鸟类正常活动的前提下观察、欣赏并且记录它们的种类和数量。

这个定义是对一个完整的观鸟活动的全面表述,它表达了三个方面的内容。

第一,观鸟需要借助望远镜等光学、电子仪器,也就是要使用一定的工具。为什么要借助工具呢? 简单地讲,就是为了看得更清楚。现在有一句很流行的话叫作"细节决定成败",就是说人们在做任何事的时候,一定要注重细节,一些不被人重视的细节往往会影响事情的结果。把这句话用来形容观鸟是非常贴切的,只有当你看清楚了鸟的许多细节时,你才会体会到观鸟的乐趣。比如,平时我们看到白头鹎(俗称白头翁)身上的羽毛是灰色的。但是当你使用望远镜清楚地观察到它身上的纤纤毛发时就会发现,它的身上并不是简单的灰色,在灰色下面,透着橄榄绿,并从背部向腹部由橄榄绿逐步向淡黄色、向白色过渡,在阳光下这些羽毛闪耀着光芒,十分好看。可以说,当你看不清楚鸟的细节时,你也就看不到鸟的美丽。

借助望远镜等光学仪器观鸟还有一层意思,就是鸟是一种十分机警的动物,特别是一些不常见的稀有鸟种,人要接近它们十分困难,只能在远处观看。因此，不借助望远镜，要站在远处看清楚鸟是很困难的，更谈不上欣赏了。

借助望远镜等光学、电子仪器的第三个含意是，作为观鸟需要遵守的第一要则是在观鸟的时候不惊扰鸟，不干扰鸟的自然生活状态，因此，在观鸟的时候必须要与鸟保持一定的距离，这时候望远镜等光学、电子仪器就充分发挥它们的作用了。

第二，观鸟是在"野生鸟类的活动与栖息地"。"野生鸟类的活动与栖息地"一定是自然环境，这是与一般意义上看鸟的原则区别。一般意义上的看鸟，可以是看笼中饲养的鸟，也可以是看模拟自然环境建造的动物园中的鸟，当然也包括在自然环境中看鸟。但这里讲的观鸟，只能是在自然环境中看鸟，而且前提条件是不干扰鸟的自然生活状态。因此在"鸟人"中有一个流行的说法："鸟人不观笼中鸟"。

第三，观鸟要"记录它们的种类和数量"。这里也有三层含意，一是一次完整的观鸟活动应该有详细的记录；二是作为一个真正的观鸟人，记录是他观鸟活动的重要内容之一；三是观鸟从某种角度来讲不只是一种个人行为，同时也是一种社会活动，一种社会公益活动。因为你的记录提供给鸟类观察记录中心和有关单位，就能成为社会公共资源，将会为鸟类、生态和环

借助望远镜才能看清白头鹎身上好看的橄榄绿

境的科学研究提供帮助。

规范的观鸟活动是一项民间的业余科学观察和考察活动。全国乃至全世界众多的观鸟人在不同时间、不同地点的观察记录，组成了一个巨大的数据库，这为科学研究和应用提供了极大的帮助。如今，在全世界范围内，业余观鸟者已成为鸟类和生态环境研究不可或缺的重要力量。

观鸟的乐趣

前面讲到，彼特逊的《鸟类野外观察指南》为人们打开了通往鸟类奇妙世界的方便之门，使观鸟成为全世界最受欢迎、发展最快的业余爱好之一。观鸟之所以很快为大众所接受，这是因为观鸟适合于各类人群和各个年龄段的人，不分皇室、贵族、政要和名人，也不分年龄的长幼，并且可以发展成终生爱好和广受欢迎的家庭式的活动。

如日本皇室的文仁亲王和纪宫清子公主，美国前总统吉米·卡特，还有著名的007系列小说的作者伊恩·弗莱明，都是观鸟活动的爱好者。香港特首曾荫权的两大业余爱好，一是喜欢养锦鲤，另一个便是观鸟。

观鸟之所以这样受到欢迎，是与它本身的特性分不开的。

首先，观鸟是一项休闲活动。休闲是指在非劳动及非工作时间内，以各种"玩"的方式求得身心的调节与放松，达到生命保健、体能恢复、身心愉悦目的的一种业余生活。科学文明的休闲方式，可以有效地促进能量的储蓄和释放，它包括对智能、体能的调节和生理、心理机能的锻炼。

随着经济和社会的发展，人们在享受现代化成果的同时，也被牢牢禁锢在毫无生气的钢筋水泥之中。现代生活节奏的加快，带来了各方面的压力，人们越来越需要用休闲的方式来调节自己的身心。

寻找一种与自然亲近与和谐的活动方式，放松自己劳累的心情，是生活在现代都市人的一种追求和需要。

观鸟便是能够满足人们放松身心需求的休闲活动方式之一。

观鸟是很好的休闲方式之一

在大自然中一边行走，一边寻觅鸟儿的踪影。抬头举起望远镜观赏鸟儿那披着五彩羽毛、充满活泼生机的优雅身姿，聆听鸟儿悦耳的鸣叫声，能使您活动手脚，锻炼颈部和眼睛，也能使您得到心情的愉悦和放松。

另外，观鸟又是一项带有科学考察性质的活动，它能满足人们对大自然探索的欲望。

许多人从小就对自然和生物的神秘充满了兴趣，长大以后，不论做什么工作，探求对大自然的认识仍会是他潜意识中的渴望。当您将目光投向小鸟，你潜意识中的那种童年渴望将被唤醒。

人有一种好奇的天性，喜欢对未知的事物追根寻源。每个人对探索与发现都有着极大的兴趣，这也是人们认识自然的重要方式。观鸟的过程是一个探索的过程，充满着发现的乐趣。初学观鸟，所见到的常常是身边的鸟，虽然常见，但不一定知道它们的准确名称和生活习性，当你一旦通过观鸟知道身边那些鸟儿的名称和生活特点时，相信你会有一种发现的兴奋。

在野外,当你费尽周折终于看到以往不曾见过的鸟,观察到鲜为人知的鸟的特殊行为时,相信这时你的激动,一定不亚于哥伦布发现美洲新大陆。

观鸟对人们的好奇心理来讲,即是满足又是挑战。不断地观鸟,不断地看到新的鸟种,不断地在自己的观鸟记录中增加新的记录,不断地获得成就感,这就是观鸟最具魅力之处。

正是具有业余科考和休闲两种基本特性,观鸟打动着无数希望探索大自然和想在繁忙工作后放松心情的人们的心。

观鸟能满足人们对大自然探索的好奇心

观鸟旅游

生态旅游是近年来我国旅游业的一个热门话题。对于生态旅游，国际生态旅游协会（1992）将其定义为：有目的地前往自然地区去了解文化和自然历史知识，尽量不改变生态系统完整的同时，创造经济发展机会，让自然资源的保护在财政上使当地居民受益。

观鸟作为一项在西方国家十分流行的户外运动，一直是生态旅游最重要的表现形式。正如旅游人类学家塞克斯哥路(Sekercioslu)所说："观鸟旅游是生态旅游最主要的表现方式之一，旅游者手拿望远镜，早出晚归，凭鸟的鸣叫或飞行的姿势，鉴定鸟的种类，对目的地环境影响的副作用最小，但是却能带来非常可观的经济、社会效益"。据不完全统计，全世界每年都有近千万的观鸟者在全球范围内寻找理想的观鸟目的地。

观赏野生动物是生态旅游的一项重要内容。如肯尼亚的非洲大裂谷是世界最著名的野生动物栖息地，那里除了有十分有名的马塞马拉国家公园中的大型哺乳动物以外，纳古鲁湖中铺天盖地的火烈鸟群，历来被称为"世界上火光永不熄灭的一大奇观"，吸引着人们前去观赏。肯尼亚及许多非洲国家凭借其生态资源，包括观鸟在内的生态旅游发展得非常迅速，在许多国家，以观鸟为主要内容的生

纳古鲁湖中铺天盖地的火烈鸟群给人深刻的印象

态旅游占了本国旅游产业的很大部分,并有逐步上升的趋势。

　　我国台湾拥有超过500多种的野鸟记录,珍贵特有种15种,是世界上少见稀有鸟类生态圈。台湾地理景观特殊,加上雨水丰沛,形成多样性的栖地类型,非常适合各种鸟类栖息、繁殖。台湾的奥万大森林游乐区,被国际八大赏鸟公司列为最佳观鸟景点,对当地经济发展起到很好的推动作用。

　　我国地域广阔且具有多样性,有高原、湖泊、森林、海域、湿地等,适合各种鸟类的活动与栖息,蕴藏着丰富的观鸟旅游资源。中国的鸟类资源包括林鸟、田鸟、水鸟、高原鸟类等所有类型。分布也非常广泛。现在比较著名的观鸟地有:河南董寨、河北北戴河、山东长岛、山东荣成、湖南洞庭湖、江西鄱阳湖、贵州西北威宁草海、青海湖鸟岛、四川宝兴、云南盈江、甘肃莲花山、广西弄岗、香港米埔保护区、台湾台南曾文溪口等。

　　近年来各地观鸟组织通过配合政府开展爱鸟、护鸟的宣传,组织观鸟普及活动,以及举办观鸟比赛等方式积极推广观鸟活动,使得我国观鸟者已有相当的人群,观鸟旅游者也已经形成一定的规模,这无疑为观鸟旅游打下了基础,培育了市场。

我国蕴藏着丰富的观鸟旅游资源,每年冬季,世界上90%以上的白鹤飞到江西鄱阳湖越冬

观鸟旅游不需要另外新增加观鸟地的硬件设施，它可以搭载在现有旅游的基础上，前期需要的只是弄清本地鸟类资源和培训合格的"鸟导"。

观鸟旅游可以专门去野生鸟类的活动与栖息地看鸟，也可以在原有的一些旅游线路上增加观鸟的内容。中国国家地理杂志设计的一些生态旅游项目，就是将许多内容，其中包括观鸟组合在一起，很受旅游者欢迎。

在我国，有的省已经开始了观鸟旅游的积极尝试。如湖南岳阳"洞庭湖国际观鸟节"已举办8届，取得了丰硕成果，"冬季到洞庭湖来看鸟"已成为湖南生态旅游的响亮口号；"北戴河国际观鸟大赛"已举办多届，当地利用"亚洲最好湿地"的生态效应，主要面向海外推介观鸟旅游，每年都有几十个观鸟团队来北戴河观鸟或参加比赛；四川省的观鸟组织将他们的鸟类调查记录整理成观鸟旅游资源，与旅游部门合作，推出了几条观鸟旅游线路，成为四川省生态旅游的亮点；"甘肃省莲花山观鸟节""洋县华阳国际观鸟节"等新的观鸟旅游项目和观鸟旅游点近年也陆续推出。许多地方用举办赛事和节日的办法，吸引中、外观鸟者的到来，借以推动当地的生态旅游。

"冬季到洞庭湖来看鸟"，已成为湖南生态旅游一句响亮的口号

生态旅游在我国起步较晚，目前国内的生态旅游内容还基本上是看风景名胜、走田园乡村、体验民俗风情和吃农家饭。作为生态旅游最具代表性的观鸟旅游的发展可以解决生态旅游有名无实的尴尬局面。

随着我国经济、社会的发展，人们对观鸟的认识会越来越深，参与观鸟的人会越来越多，同时，随着观鸟人对鸟类资源的调查范围越来越广，我国也会涌现出更多的观鸟胜地来吸引生态旅游者，我国的观鸟旅游方兴未艾。

你会去观鸟吗?

观鸟的休闲性和科学考察性以及这两种性持的相互渗透决定了这项活动一定会有众多的人参加。

在观鸟的人群中,有一部分人只是把它当作一种休闲活动,也有一部分人只把它当作一种业余考察对待,而更多的人是两者兼而有之,而每个人的侧重点又有所不同。正是这种多样的组合,使得观鸟活动能适合各个阶层,各个年龄段的不同人群。

观鸟如同一个平台,只要你有兴趣都可以参加到这项活动中来,在这里你可以找到自己需要的乐趣。

中小学生是我国观鸟人数最多的人群之一

目前,我国的观鸟人群中,各个年龄段都有人参加,但参加的方式和目的有所不同。

儿童、少年群体。中小学生是我国观鸟人数较多的人群之一。中小学生观鸟,一般都由学校组织进行。现在我国提倡中小学生的素质教育,环境教育是素质教育的重要内容。许多学校有环境课老师,这些老师中许多是观鸟的积极倡导者和组织者。学生观鸟,以学习观察方法、增长知识和培养环境意识为主,采用的形式多以组织观鸟活动和比赛为主,需要在学校老师和家长的带领下进行。

值得注意的是，现代研究认为：儿童肥胖、注意力紊乱和抑郁现象，都与儿童在成长过程中失去与大自然接触有关，并将这类儿童诊断为患有自然缺失症。观鸟提供与大自然接触的方式和机会，对自然缺失症的改善有着十分积极的作用，因此，在中小学中推广观鸟活动具有重要意义。

青年群体。这部分人以在校大学生为主，特别是学习相关专业的大学生，如生命科学、环境科学等。他们将观鸟与自己所学专业结合起来，在实践中充实所学书本知识。他们往往将观鸟与环境保护联系在一起，将其作为环境保护宣传的一部分。他们通常以学生组织的形式参与，是观鸟中思想最为活跃一个群体。

中年群体。这部分是职业最丰富的年龄层，他们参与观鸟的目的和动机也最为多样，一般有这样几种：

观鸟是放松身心，调节情绪、减轻压力的一种活动方式

环境保护的志愿者。这是对环境问题十分关注的一部分人。他们主要是将观鸟作为宣传环境意识的一个切入点，他们热衷观鸟活动的普及，希望

更多的人参与观鸟,从而提高公民的环境意识。

追求时尚生活的白领。这主要是一些衣食无忧的人们。他们在取得事业的成功或建立了稳定的生活以后,追求文明、健康、时尚的生活。观鸟正好可以满足他们的需求。他们满足观鸟的两个基本条件:"有点钱,有点闲"。

为解除工作疲劳,调整生活节奏的人们。这是一个正在事业上打拼的群体。工作、生活上的压力使他们时常身心交瘁,需要找到一种好的活动方式排解和调整。观鸟这种身心结合的活动使他们找到了归宿。

对鸟充满兴趣的爱好者。这是一个对生物,对鸟类十分爱好的人群,这种爱好可能从小就有。有的人长大以后从事了与自己爱鸟相关的职业,但大多数人的职业却与鸟儿无缘。观鸟活动让他们圆了儿时的梦。

纯粹休闲的人们。这是人数最多的一群人。他们观鸟没有明确的目的,或者兼而有之。他们参与观鸟,一是认可这项活动的健康、文明以及社会公益性,二是觉得这是一个很好玩的事情。

老年群体。老年人观鸟主要目的是休闲和锻炼身体,国外的观鸟人群中,老年人占据了很大的比例。观鸟需要有一定的时间,而离开了工作岗位的老年人一般都会有充裕的时间。观鸟的活动量不大,累了休息一会,渴了喝点水,饿了补充一点食物,完全可以自己调控,非常适合老年人参与。

为老年人提供更多适合

观鸟是非常适合老年人休闲和锻炼身体的活动

他们的活动和服务，是每个发达国家在步入老龄化社会时面临的重要课题。有些发达国家和地区将观鸟列入老年人和社区活动的内容，值得我们借鉴。

想想自己，观鸟确实给我带来了身体上的变化。由于长年伏案工作的原因，颈椎疾病在所难免，时常会有供血不足带来的头晕。去看医生，医生介绍了一个很好的活动和锻炼颈椎的方式，就是建议我时常放风筝。他解释说，放风筝需要抬头看着风筝，眼睛随着风筝而动，颈部自然活动，这样就可以很好的缓解颈椎疾病。

但我没有去放风筝，而是去观鸟，观鸟和放风筝在活动颈部上道理是一样的，两者异曲同工，观鸟以后，我的颈椎疾病大大得到缓解。

▶▶ 小贴士：

自然缺失症

自然缺失症是（Nature Deficit Disorder, NDD）是美国作家理查德·洛夫（Richard Louv）的畅销书《林间最后的小孩》中提出的一个术语。洛夫在书中强调，自然缺失症是当今社会的一种危险的现象，儿童在大自然中度过的时间越来越少，从而导致了一系列行为和心理上的问题。造成自然缺失症的原因主要有：父母阻碍儿童在户外玩耍，可供玩耍场地的减少，以及电子产品的日益盛行。

受到《林间最后的小孩》一书的影响，美国政府于2009年推出了不要把孩子单独留在教室（No Child Left Inside）法案，敦促各个州设立环境教育标准，鼓励儿童到户外进行主动的发现式、实践式学习。

三、观鸟的形式

养鸟与观鸟

在与鸟有关的人群中，除了观鸟者以外，还有一批喜欢饲养宠物鸟的人们。应该说他们也是爱鸟者，但如同父母爱孩子一样，方式各有不同。

饲养宠物鸟需要花钱买鸟，买笼具，饲料等，需腾出生活空间来摆放鸟笼。还要每日饲喂和清理，花费不少金钱和精力。

许多鸟带有人禽互感疾病的病原体，密切接触有可能传染给人，如衣原体肺炎。而且，长期吸入鸟的毛屑尘埃而容易导致咳嗽和哮喘等。这些都是饲养宠物鸟的一些弊端。

市场上卖的笼养鸟大多是从野外捕捉回来的。有人做过这样的统计，从野外捕获到最后进入花鸟市场，鸟儿的成活率只有十分之一。也就是说饲养一只笼养鸟是以死亡9只鸟为代价的，这种肆意捕捉将破坏鸟类资源和生态平衡，加速环境的恶化，这是需要特别引起我们注意的。

因此，观鸟人不提倡以饲养的方式来爱鸟（当然人工繁殖的另当别论）。他们倡导热爱鸟儿的人们，利用空闲时间，到大自然中去，借助望远镜去观赏和了解鸟的习性，建立与鸟儿的和谐关系。

"鸟人不观笼中鸟"是观鸟人对这种倡导的具体体现。

观鸟人不提倡以饲养的方式来爱鸟

庭院观鸟与野外观鸟

我们通常根据观鸟的地点和范围不同,将观鸟活动分为两大类,一类为庭院观鸟,这里所说的庭院包括人们居住的房前屋后小院、城市绿地、公园等;另一类为野外观鸟,即其他自然环境。这两类观鸟的共同点是都是在自然中观赏鸟,这是与观赏笼养鸟的最根本的区别。

两类观鸟所不同的是,庭院观鸟范围比较小,地点相对固定,都是在距离人居住地不远的地方;而野外观鸟范围比较大,地点也不固定,一般都是在远离城市和少人居住的地方。

庭院观鸟主要是观看城市公园和居住地的鸟。这些鸟长期与人共同生活,因此不太怕人,可以较细致观察鸟的习性和动态,也因为城市里常见鸟的种类有限,所以所见鸟种会比较少,满足不了观鸟中不断发现新鸟种的乐趣。

庭院观鸟比较适合年纪较大的人和行动不方便者或者不能够出远门的观鸟爱好者，近距离地仔细观察鸟儿的生活习性，欣赏鸟儿的色彩和动态也是很惬意和有趣的事情。

庭院观鸟适合年级大和不能够出远门的观鸟爱好者

庭院观鸟还可以根据自己居住的情况，设置一些招引鸟的设施，如鸟巢、喂食台等。招引鸟来到自己面前，便于观察。这一方面满足了观鸟的需要，同时也为野鸟提供了一些食物补充，是个一举两得的好办法。这种方式在英国比较流行。

值得欣慰的是，许多鸟具有迁徙性，每年的春秋两季，大量的鸟儿会南北迁飞。在迁飞的途中它们会停下来歇歇脚，补充一些食物，这就为在家门口观鸟提供了条件。此时，说不定会有珍稀和少见鸟儿光顾你家附近的草地和公园，那么你就如同中了大奖！

庭院观鸟适合以休闲、娱乐为主要目的观鸟人群。

鸟儿的分布和活动区域十分广泛，野外观鸟一般不受地域限制，你可以去你能够去的任何地方，只有去更多的地方，你才就有可能看到更多种的

033

鸟。每次野外观鸟，你都可能在自己的观察记录中增加新的鸟种，这种发现的乐趣，是庭院观鸟体会不到的。

在野外观鸟，需要去寻找，而要找到鸟，必须了解鸟儿生活的环境，掌握鸟的生活习性，这就需要学习与鸟类有关的知识。

在野外观鸟由于观察环境复杂，这就要求你学会在较远距离准确地辨认出鸟的种类。有许多鸟的长相是十分接近的，要辨别出它们并不是一件很容易的事，这就要求你更深入一步的研究有关鸟的知识和掌握一些技巧。

由于野外观鸟一般是在自然环境中，这里有田野和山林，有湖泊和沟壑，有时要爬山、涉水，有一定的运动量，对身体条件有一定的要求，而且需要有一定的户外活动经验。当然，它也能让你舒展筋骨，锻炼身体。

野外观鸟有着观鸟的全部乐趣，适合有较强观鸟欲望和业余科考愿望的人群参与。

野外观鸟有观鸟的全部乐趣

行进中观鸟和定点观鸟

观鸟通常可以分为行进中观鸟和定点观鸟两种方式。

行进中观鸟是指在包括开车、骑自行车和徒步行进的过程中寻找和观看鸟儿，其中步行是最主要的方式，它适合于各种地形环境，不受道路宽窄的限制，非常方便。选择鸟类经常活动的区域，按照一定的路线一边行走，一边寻找，发现鸟儿便停下来仔细观察，认真分辨。遇到珍稀鸟种和美丽的鸟儿，小声招呼同伴一同分享。同行观鸟者还可以一边观看，一边小声议论，共同提高鸟的辨识能力。观察清楚后继续往前走，寻找新的鸟儿。

行走的速度不要过快，特别是那些适合鸟儿生活的环境，是我们寻找的重点。

行进中观鸟

定点观鸟是指相对固定的在一个地点进行观察，所选择的地点往往是鸟儿觅食、喝水以及繁殖的地方，观鸟者在附近隐蔽起来，静静地待鸟儿来觅食、喝水、哺育等。定点观鸟要学会隐蔽自己，在较茂密的树林中可以借助浓密的枝叶或穿上迷彩服隐蔽自己，在观看过程中或坐或站尽量不要有较大的活动。鸟儿对活动的物体比较敏感，而对静止的物体则不太在意。

定点观鸟比较适合庭院观鸟。

定点观鸟

用望远镜观察鸟的繁殖和哺育行为是非常有意思的。下面是一位观鸟者定点观鸟后记录下的一段情景。

"在一个小山村附近的岩石缝中发现一窝北红尾鸲的雏鸟。在离巢不到10米远的地方隐蔽起来，用肉眼看成鸟的活动，一雌一雄轮流给小鸟喂食，从观察看，雌鸟喂的次数多。每次叼着虫子回巢时，总是落在较远的一个树枝上四下张望一阵子，再飞到附近的树枝上停一下，然后快速飞入鸟巢。做父母的警惕性很高，怕别人发现它们的孩子，总是小心翼翼。用8倍望远镜盯住巢口处，就像在眼前一样清楚。成鸟往巢边一落，5只雏鸟向上伸长了脖子,张开鲜亮的大嘴,"吱吱"地叫着,成鸟向小鸟嘴中分发小虫子。成鸟喂完后稍等一下,被喂了食的小鸟一翘屁股,排出一团白色的粪便,这团粪便外面有一层膜,好像一个塑料袋,成鸟用嘴一叼,迅速地飞走了。离开很远很远才把它抛掉,这种天性使巢内永远是干净的。一般小鸟生长得都很快,所以营养要有保障,一天要吃几十次食,而且吃含蛋白质、脂肪营养物质丰富的昆虫及其幼虫。当快到中午时发现成鸟叼来的不是虫子而是红红的桑葚,看来它们还要补充些维生素和水分"。

看了这些文字,你不觉得十分有趣吗?你也可以通过定点观鸟看到非常有趣的鸟类生活情景。

定点观鸟时特别要注意的是,一定要与被观看的鸟儿保持一定的距离。这是因为鸟儿在感受到威胁时会逃掉,这不但破坏了我们观鸟的兴致,更为严重的是,在繁殖期,鸟儿是很敏感的。当亲鸟感到威胁时,它可能会停止喂食,甚至会弃巢而去,这样巢中的小生命便夭折了。这是每个观鸟人都不愿意发生的事情。

学会观察和欣赏

有人说:"学会了观鸟,就等于获得了一张进入自然剧场的免费门票,一幕幕精彩的演出即将在你的眼前上演。"

观鸟如同观看艺术表演,内容同样精彩。所不同的是,艺术表演一般是在舞台上,而观鸟则是在大自然中。艺术表演的主角一般是人类自己,而观鸟中表演的主角是鸟儿。人类的表演,演员受过专门训练,节目也是事先排练好的,而在大自然中观鸟,表演的主角完全是纯自然和无拘无束的行为,显得尤其真切。

观鸟如同观看艺术表演,外行看热闹,内行看门道,比如看中国的国粹京剧,一些外行喜欢演员的各式脸谱和热热闹闹的锣鼓,而内行则更喜欢各种唱腔的韵味。做一个内行的观鸟人,也需要学习如何观察与欣赏。

那么应该如何观察和欣赏鸟儿呢？通常我们可以从这样三个方面来入手。

1. 欣赏鸟儿的美丽。

鸟儿的美丽包括它们绚丽多彩的羽毛和优雅的身姿。据统计世界上有9000多种鸟，而我国就有1450余种。绝大多数的鸟儿都有着五彩斑斓的羽毛，每种鸟的色彩又有所不同。

古诗名句"两个黄鹂鸣翠柳，一行白鹭上青天"中的两种鸟，黄鹂和白鹭就非常美丽。黑枕黄鹂身上黄色的羽毛黄得艳丽，而白鹭在繁殖期会长出蓑羽，像披上了婚纱，妩媚动人。紫啸鸫身上的蓝色在阳光下透出紫色的光泽，更有蓝喉蜂虎身上红、蓝、黄、绿各种颜色鲜艳夺目，还有更多的鸟儿身上的色彩令人称奇。让你不得不惊叹造物主的伟大和奇妙。西方时装设计界有一种说法，"如果搭配不好色彩，你就去观鸟"。这句话充分说明了鸟儿羽毛的美丽以及色彩搭配得恰到好处。

白鹭在繁殖期长出的蓑羽，像披上了婚纱，妩媚动人

透过望远镜你可以将这些美丽鸟儿的色彩看个仔细,那就如同是在欣赏一幅幅活动着的花鸟工笔画。

2. 观察鸟儿的行为。

鸟儿的行为包括它们的飞行方式、取食动作、情感交流以及繁殖过程等。现代科学研究发现,哺乳动物相互交流,主要以身上的气味向对方传达信息,而鸟类则是用各种动作向对方表达自己的意愿。特别是在繁殖期间,鸟儿会有很多有趣的行为。如同人类一样,雄性会主动向雌性示好,传达爱的意愿。如雄凤头鸊鷉(pi ti)在求偶时会做出许多讨好雌性的有趣动作,而蓝喉蜂虎雄鸟会用捕捉到的蜻蜓向雌鸟示好和求爱,当雌鸟接受了雄鸟的礼物后,便会允许雄鸟亲热一番。这些平时我们只能在画片上或者电视中看到的情景,现在却能被我们亲眼所见,这是一个现实版的《动物世界》。

蓝喉蜂虎雄鸟用捕捉到的蜻蜓向雌鸟示爱

3. 了解鸟儿的习性。

了解鸟儿的习性。包括它们的生活规律、迁徙特点和所栖息的环境等。鸟儿如同人类一样,也有着自己的生活习性,特别是候鸟的迁徙,一直是人们关注研究的对象。一只小小的鸟儿,它是如何在很短的时间里从南方飞到北方,或是从北方飞向南方。它们在路途中是如何

蓝喉蜂虎雌鸟接受雄鸟的求爱

伯劳有小猛禽之称，捕捉猎物十分凶狠

辨别方向？经过哪里？又是如何补充食物？几百年来人们不倦地探索着大自然中的这些秘密。还有的鸟儿，其生活习性十分有趣。伯劳身长15厘米，虽是一种小型鸟，却长有一副带弯钩的嘴，捕捉猎物十分凶狠，有小猛禽之称。在食物充足的时候，它还会将吃不完的猎物拌在树杈上晾成肉干以备以后食用。鸟儿的这些特殊习性，为观鸟增添了许多的乐趣。

当然，观鸟过程中还会有更多有趣的东西等着你自己去发现。

观鸟守则

观鸟是建立在爱鸟、护鸟基础上的，因此，针对观鸟和观鸟人有一些特别需要注意的事项，有的地方把它称作观鸟守则。

1. 观鸟，是观赏自然界中的野生鸟类，不是观赏笼中饲养的鸟；

2. 不饲养和放生野生鸟类；

3. 观鸟时，请着与自然色彩相近的服装，在减少对鸟惊扰的同时你可以更近的观鸟；

4. 观鸟时，保持适当观赏距离，切记"只可远观，不可近看"的原则，特别是在鸟儿筑巢和育雏期间，以免干扰亲鸟的行为；

5. 尊重鸟类的生存权，不采集鸟蛋，不捕捉野鸟；

6. 拍摄野生鸟类，应采用自然光，不可使用闪光灯，以免惊吓它们；

7. 有些鸟类，生性害羞，隐秘不易观察，不可使用不当方法引诱其现身，如放鸟鸣录音带、丢掷石头驱赶等；

8. 不可过分追逐野生鸟类。有些鸟可能因气候,体能衰弱等原因而暂时停栖某一地区,此时,它们急需休息调养,您的追逐行为,可能导致其死亡;

9. 发现特别鸟种的栖息地或育雏地时,请守口如瓶,勿随意告诉他人;

10. 不可为了便于观察或摄影,随意攀折花木,破坏野鸟栖息地以及附近植被生态。

观鸟活动多多少少都会对自然界的野生鸟类产生某种程度的影响,我们要做的是,将这种影响减至最小。

观鸟的装备

工欲善其事，必先利其器。相对于其他户外活动而言，观鸟活动的装备比较简单，它的基本装备有望远镜、工具书和记录本。

一、望远镜

1. 观鸟用望远镜的种类

观鸟用的望远镜通常有双筒和单筒两种。双筒望远镜比较适合观看树林中的鸟儿，因为树林中的鸟比较活泼好动，需要用望远镜连续的跟踪观看。双筒望远镜重量适中，使用灵活，方便携带，是观看林鸟的必备工具。单筒望远镜因其放大倍数较高，比较适合观看远处的，静止的或行动缓慢的鸟儿，如水鸟中的雁、鸭类等。为了保持稳定，使用单筒望远镜通常都要配以三脚架支撑。

双筒望远镜适合观看树林中的鸟儿

2. 双筒望远镜上的主要结构与标识

为了保持稳定，使用单筒望远镜通常都要配以三脚架

双筒望远镜由镜筒、物镜、目镜、调焦手轮、视差调节环组成。镜筒是由金属或工程塑料制成的圆筒，上端连目镜，下端连物镜。所谓物镜，是指镜筒向着被观察目标体一端或接近被观察物体一端的放大镜，也叫接物镜；安装在镜筒上端的，靠近观察者眼睛的叫作目镜，意指对着眼睛（目）的一端。因为它接近观察者的眼睛，因此也叫接目镜。调焦手轮安装在两镜筒之间，用来调节焦距，使人能看清物体。视差调节环安装在右目镜上，它是专为左右两眼视力有差异的人调整视差用的。

通常望远镜会被标上8×42或者7×30等型号标识，其中前面的数字表示的是倍数，后面的数字表示的是物镜直径尺寸，例如8×42表示这是一个物镜直径为42毫米的8倍望远镜。倍数愈大，表示可以看到的景物影像愈大，物镜口径愈大，则表示进光量愈多。望远镜的放大倍数是指用肉眼观察一个物体的张角与用望远镜在同一个地点观察相同物体的角度放大倍数，为方便起见。通常我们将它理解为改变距离的倍数，例如用10倍望远镜看100米处的物体，其成像的大小就如同用肉眼看位于前方10米的物体一样。望远镜中看到的景物距离好像缩短了10倍。

3. 观鸟用望远镜的选择

前面谈到，观鸟需要借助望远镜等光学工具，那么，选择一架望远镜就成为打算进行观鸟活动首先要考虑的一件事情。

在这里首先要纠正一个错误的观念，那就是许多人认为望远镜是一个玩具，是小孩玩的东西，在市场上甚至在地摊上随便买一个就拿来用。其实这样对观鸟没什么用处，甚至对眼睛还可能造成伤害。一个好的望远镜是一个工具，就如同我们的手机、照相机一样，工具的好坏直接影响到效果。因此，选择一个好的望远镜，对于一个观鸟爱好者来说，是很重要的。那么选择望远镜应该从哪些方面考虑呢？

首先考虑的是望远镜的倍数。最适合进行观鸟活动的手持双筒望远镜是7～10倍的，并非是倍率越大越好。倍率越大，视野越窄，而且不可避免的抖动也会被放得更大，影响观看效果。

单筒望远镜的放大倍数通常都在十几倍以上，变焦目镜可以从十几倍到几十倍，这样大的倍数，轻微的晃动都会影响观看效果，因此要依靠三脚架才能使用。

其次要考虑望远镜的重量。市面上见到的双筒望远镜通常有两种：一种是传统的两截式镜身，在接目镜之前曲折成两段，较为笨重；另外一种是流线外观的直筒式，体积和重量都较前者小、携带方便。

第三要考虑决定望远镜亮度的弱光系数。弱光系数是指用望远镜的放大倍数除物镜口径所得的一个数字，用以衡量望远镜的亮度。以放大倍数为7倍，物镜口径为42毫米的望远镜为例，弱光系数为6毫米。弱光系数越大表示进光亮越多，因此在昏暗的天气或观赏光线不好地方的鸟儿就不会吃力。弱光系数数值也表示从目镜里看到明亮圆孔的大小，只有这个圆孔比观看人的眼睛瞳孔直径大时，才能看得舒服、明亮。人眼的瞳孔的大小随光线强弱有所改变，但是一般大概介于2～6毫米，因此，望远镜的弱光系数就应该在这两个数值之间才适用。此外，在晃动的状况下，使用弱光系数较高的望远镜，影像也比较不容易跑出视线的范围。

第四要考虑镜片的质量。以光学镜片较佳，塑料镜片的品质就差多了。而镀上熏膜的镜片透光性更佳，能使影像保有鲜明、锐利的本色。不过要注意不要选择镀红膜的望远镜，因为红色可能会对鸟儿产生惊扰。

4. 望远镜的使用。有的人拿起望远镜就看，总觉得看不清楚，这除了不习惯之外，多半是因为使用不当造成的。望远镜的正确使用方法应该是，首先调整目镜宽度，通过扳动两个镜筒间的夹角来调整目镜宽度与自己眼睛相适应，具体表现就是，从目镜里看出去两个圆孔逐渐合为一个，有时不能完全重合，只要基本重合不影响观看也就可以了。第二步调整两眼的视差。先闭右眼睁左眼用望远镜看一固定物体，调整调焦手轮使物体变得清晰。再闭左眼睁右眼观看同一物体，调整目镜旁的视差调节环使物体也清晰，这时两眼的视差便调节好了，然后就可以用双眼观看了。

二、工具书

这里讲的工具书主要是指鸟类图鉴，还有一些观鸟的小册子等。逐渐地认识越来越多的鸟是观鸟的乐趣之一。图鉴的作用就像字典帮助我们识字一样，用来帮助我们辨认观察到的是什么鸟。一般来说，图鉴内容包含辨别鸟类的要点，通常都是图文并茂，便于观看和查对，让辨识鸟儿也充满着趣味。鸟类图鉴中的图片有彩色照片和手绘的两种。照片可以比较生动地记录鸟类的形态和其所栖息的环境，绘制的图片可以突出

观鸟工具书

鸟的鉴别特征。

　　国内有多种图鉴可供选择，目前使用最多的是约翰·迈克金、何芬奇等主编的《中国鸟类野外手册》。该手册有中英文两种版本，很适合中国的观鸟者使用。还有《中国野鸟图鉴》，颜重威著，台湾翠鸟文化公司出版；《中国鸟类图鉴》，钱燕文著，河南科技出版社出版等。

　　对于观察地区性的鸟类，还可以参考各地出版的图鉴，例如常家传的《东北鸟类图鉴》，自然之友出版的《北京野鸟图鉴》，上海野生动物保护协会主编的《上海野鸟图鉴》，克里夫·温妮、凯瑞·菲力普斯和尹琏、林超英等著，香港政府印务局出版的《香港及华南鸟类》等。

　　有的鸟类图鉴是以鸟种分类编写的，对于观看某　种鸟，仔细研究它们很有帮助，如台湾出版的《猛禽》等。

　　还有各地鸟会为了普及观鸟活动编印的一些当地鸟种的小图册和折页，对于初学者来讲都是很好的学习资料。

三、记录本

　　观鸟时随身携带笔记本和笔是非常必要的。笔记本采用便于携带无格的小本子为益，在观察过程中用图和文字记录有关内容。对于不认识的鸟，简明地将它画下来，并标记各部位的特征，对事后辨识很有帮助。记录时可以选择使用不浸水的圆珠笔或其他的笔作为记录用笔。

四、其他

　　这主要是服装和其他户外生活用品。观鸟着装没有特别的要求，普通衣着都可以，但是，如果

记录笔

记录本

你希望在观鸟时不惊扰鸟儿和比别人更接近鸟,就要有点基本要求。

首先衣服色彩不能艳丽,切忌大块红色、黄色等亮色服装。较暗颜色的服装对鸟的干扰较小,尽量穿灰、草绿等接近自然环境色的服装。如果穿着迷彩服,伪装的效果就更好了。

第二,野外活动,为防止蛇、蚊、蛭的叮咬,应穿长裤长褂。衣裤上应有合用的口袋,可以装一些小零碎物品。脚上最好穿户外皮鞋或旅游鞋,去水边、湿地应该穿防水的鞋子。

第三,所携带的物品,如水杯、眼镜、饰物以及衣服上的纽扣等不要有强烈反光产生,这些物品在阳光下产生的反光对鸟的干扰很大。

观鸟也是一种户外活动,因此户外活动的一些用品也很适用于观鸟,如背包、水壶、挂钩等,都可以在观鸟时加以利用。为防止万一,还应准备一些药品。带一些蛇药是很有必要的,购买时注意药的保质期并学会使用方法。若到较远的地方观鸟需带足食品,特别是水。若天气不好,还应预备雨具。

观鸟的一般过程

全副武装的观鸟人

一次完整的野外观鸟活动包括观鸟点的选择、寻找鸟儿、鸟儿辨识、观鸟记录以及记录的整理等内容。

1. 选择观鸟点

我国观鸟活动开展已有十多年的时间,这些年来,在观鸟人、科学工作者、新闻媒体以及当地政府的推动下,许多有条件的地方都开展了观鸟活动,越来越多的观鸟地也被开发出来。如湖南的洞庭湖保护区,河南的董寨国家级自然保护区,河北的北戴河湿地,四川的瓦屋山,云南的"百花岭"、盈江县,辽宁丹东的鸭绿江口,甘肃的莲花山,陕西的秦岭保护区、广西的弄岗、湖北京山的三阳镇等,每年这些地方都会吸引许许多多热爱观鸟的人们。

甘肃的莲花山

　　除外地的观鸟地点以外,观鸟人还可以在自己周边选择适合鸟儿栖息的地方去观鸟。通常观鸟人把到没有人去过的地方观鸟叫作探路,如果你发现了鸟资源十分丰富的地方也可以建立一个长期的观鸟点,如果有珍稀鸟类和必要的条件,说不定还能成为当地生态旅游的景点呢。

　　2. 寻找鸟儿

　　在野外观鸟与在庭院、动物园观鸟不同,并不是每次都能如愿以偿看到自己想看的或很多的鸟儿,也不是走到观鸟点就一定能看到鸟,找到鸟儿是观鸟的前提。这时就需要运用我们所掌握的鸟的栖息和觅食知识,在鸟最可能出现的地方去寻找。要特别注意那些隐藏在树叶后面、草丛里面的鸟儿,有时一些不起眼的地方,可能会给你带来惊喜。

3. 鸟儿辨识

寻找到鸟儿以后要仔细观察,辨认出所见到的鸟儿。若是没有见过或者不认识的鸟儿要对照图谱将它认出。对于那些特征较为明显的鸟,很容易从图谱中查到,但有一些鸟差别很小,就是对照图谱也很难分辨,就要多次观察,并结合其他相关知识才能辨认了。

4. 观鸟记录

这里所说的观鸟记录是指现场记录,看到了鸟儿要及时把鸟种、数量记录下来,否则时间一长,便会忘记。特别是对那些一时分辨不出的鸟儿,及时记录是非常必要的。记录时尽可能多的记录鸟的各项特征,记录的特征越多,分辨的依据也就越多,对日后的辨别会有很大的帮助。

5. 记录的整理

观鸟结束,应及时整理观鸟记录,首先把那些不认识的鸟分辨出来,然后按要求填写好观鸟者及同行人的姓名,所记录的种类、数量,以及时间、地点、天气、环境等。至此,一次完整的观鸟活动就结束了。

一份好的观鸟记录,一方面能为自己留下一份宝贵的资料和美好的回忆,另外你的观鸟记录就是一份鸟类的基础数据,将它发送到相关的地方,如鸟类记录中心网站,就为科学研究做出了自己的贡献。现在世界各国许多鸟类学研究专家和学者,已经将业余观鸟者的观察记录作为非常有用的资料之一,常常在研究中采用。这样你的记录就成了一种社会的公共资源,可以服务社会了。

049

寻找鸟儿的技巧

参加观鸟活动初学者提出最多的问题就是哪里有鸟? 要找到鸟,首先需要了解鸟儿的一些习性。

绝大多数鸟都能够飞翔,这使得它能够在较大范围选择适合自己生活的环境。找鸟首先要从生态环境的角度考虑，在好的生态环境中能够观看到更多的鸟，在不同的生态环境中会观察到不同种类的鸟。比如在我们身边，宿舍、学校、工作单位附近以及城市公园经常可以看到那些与人类较接近的麻雀、喜鹊等。

我国许多地方有大量的海滨、滩涂、湖泊、河流、沼泽、稻田等湿地环境，这些都是与湿地相关的水鸟类栖息的地方。在不深的水中有丰富的鱼蚌虫虾，为一些杂食性的鸟，如雁、鸭、鹭类等游禽和涉禽提供了优良的食物。水中茂密的水草、肥实的根茎，岸边嫩绿的青草，为天鹅、白鹤、鸿雁等以植物为主要食物的候鸟提供了丰富的食物。观鸟人将这些鸟儿称为"水鸟"，就是与水有关的鸟。湿地是我们观看"水鸟"的好地方。

野鸭们在芦苇边的水中栖息

还有一类主要生活在树林中的鸟，观鸟人将它们称为"林鸟"。若要观察林鸟就要到林区去，特别是山地林区，随着海拔高度的变化和植被类型的不同，可以看到不同种类的林鸟。特别是在春、夏两季鸟儿繁殖季节，鸟的活动区域相对较小,鸣叫声多,活动也更加频繁,因此也更容易看到它们。

　　观鸟人将鸟儿与生态环境的关系进行了归纳,对于寻找鸟儿很有帮助。

山林中的白领凤鹛

　　(1)猛禽乘着热气流在山区的高空翱翔;

　　(2)小河和溪流是鹡鸰、燕尾、水鸲等溪流鸟类活动的地方;

　　(3)村庄附近是麻雀、燕子们的家园;

　　(4)水田和开阔地是鹤类在此的觅食地;

　　(5)树林不同高度都有鸟类栖息,啄木鸟在树干上忙碌;

　　(6)灌丛和周边常有鸟儿活动,鸦雀和雉鸡喜欢这样的区域;

　　(7)滩涂及草甸是鹬鸻类和雁类的乐园;

　　(8)浅水中,鹭类在此守候捕鱼;

　　(9)野鸭们在芦苇边的水中嬉戏;

　　(10)大型游禽在深水区域游弋。

　　许多鸟儿具有迁徙性,因此在鸟儿中有留鸟、冬候鸟、夏候鸟之分。根据鸟儿的这个特性,我们在不同的季节里,在同一地区就能看到不同的鸟儿。而这时的观鸟地点是根据你需要观察的鸟类、所处的时间和季节来选择的。

　　留鸟在一年四季中都可观察到,如在上海观赏白头鹎,在宝鸡观赏红腹锦鸡,在北京观赏红嘴蓝鹊。而观察候鸟就要选择好季节了,若观察当地的夏候鸟就应在春、夏观察,如北京地区的大苇莺、黄鹂、黑卷尾、金腰燕等。要观察冬候鸟则应在冬季,如湖南的洞庭湖,江西的鄱阳湖冬季都有大量珍稀的鸟类来此越冬。春、秋季节则容易观察迁徙的旅鸟，这两个季节是候鸟大量迁徙的时候。如河北的北戴河和丹东的鸭绿江口，每年春秋两季都有大量的鹬鸻类鸟儿在迁徙过程中在此停留，为观鸟人提供了很好的观鸟机会。

每年冬季鄱阳湖都有大量珍稀的鸟类来此越冬

观鸟的时间应与鸟类的活动规律相适应。从一天的活动情况看，鸟类一般在清晨最活跃，鸣叫、觅食等活动频繁。多数鸟类在日落前2小时的时间段比较活跃，这时它们最后一次进食，准备休息。所以一天中最佳观鸟时间应在清晨和傍晚。特别是林鸟，清晨和黄昏在它们活跃的时候很容易被发现，接近中午时分大多数鸟儿都在丛林和枝叶间休息，很难发现它们。因此，掌握了鸟儿的作息时间表，你就能在同一地点比别人看到更多的鸟儿。

▶▶ 小贴士：

鸟类的居留类型

留　　鸟：全年生活在某地，春秋不进行长距离迁徙的鸟类。

夏候鸟：春天迁徙来某地繁殖，秋天再往南方越冬区迁徙的鸟类。

冬候鸟：冬季来某地越冬，春天再向北方繁殖区迁徙的鸟类。

旅　鸟：在迁徙途中，经过某地不停留或作短暂停留，再继续南迁或返的鸟类。

迷　鸟：在迁徙途中，偏离正常路线而到某地栖息的鸟类。

鸟类的生态类群

我国现存的鸟类可以划分为六大生态类群。

1. 游禽，善于飞翔、潜水和在水中捞取食物，却拙于行走的鸟类。野鸭和大雁就属于这一类群。

2. 涉禽，大多数具有嘴长、颈长、腿长的特点，生活在湿地环境，以水生昆虫、软体动物、甲壳类、鱼、虾、蛙等动植物为食。常见有鹭科鸟类。

3. 猛禽，有强大有力的翅膀，弯曲锐利的嘴、爪和敏锐的眼睛，能迅速无声、自由地升降，准确无误地捕食猎物。

4. 攀禽，凭借强健的脚趾和紧韧的尾羽，可使身体牢牢地贴在树干上，攀禽中食虫益鸟比较多，如啄木鸟。

5. 陆禽，腿脚健壮，具有适于掘土挖食的钝爪，体格壮实，嘴坚硬，翅短而圆，不善远飞。陆禽分鹑鸡和鸠鸽二类。

6. 鸣禽，种类数量最多，它们体态轻盈、羽毛鲜艳、歌声婉转。绝大多数以昆虫为食，是农林害虫的天敌，著名的有百灵、画眉等。

鸟儿的辨认和识别

一、辨识鸟儿的乐趣

辨认和识别鸟种是观鸟中最具魅力的内容之一。

或许我们曾有这样的体会，一个东西你已经相当熟悉但不知叫什么，当有一天你知道了它的名字时，你会有一种兴奋与快乐的感觉。有些鸟儿你可能从小就见过它们，但一直叫不出名字，或者一直叫着它的俗名。当你开始观鸟后，这些身边鸟儿的名字将一一被弄清，或者纠正你多年以来错误的称呼,这本身不就是一件很有成就感的事吗?

观鸟作为一项休闲活动,它并没有对观鸟人的专业知识提出要求,只是你在观鸟时会觉得这些关于鸟儿的知识,对你提高观鸟水平,增加观鸟时的乐趣很有帮助,因而会自觉主动地去学习。

据统计,世界上已有记录的鸟种有9000多种,中国有1450余种。当然,任何人在一生中也不可能看到所有的鸟种。但是,不断地看到形态各异的鸟儿,不断地辨认出新的鸟种,不断的在自己的观鸟记录中增加新的纪录,的确是一件十分吸引人的事情。

二、鸟儿的辨认要点

识别鸟儿是观鸟中最具挑战性也是最有乐趣的事情。当我们开始观鸟时,就会发现找鸟其实并不困难,辨认不同种类的鸟儿反而要花很多时间,难度也更大。

总结许多观鸟人学习观鸟的经验,从分类开始是学习辨识鸟儿的一条捷径。但是我们要注意的是,观鸟不是做专门的鸟类研究,对于分类工作开始不需要掌握得很详细。这里所说的从分类开始,仅是"开始"而已,既不是熟记,也不是先把分类研究好了再看鸟。也就是说,学习观鸟要大致知道,鸟的分类是按目、科、亚科分的,大致有什么样的目,而在某目下面有什么科以及亚科等。知道一些鸟的分类情况对于辨认和识别鸟儿有很大的好处。看到一种鸟后如果能辨认出大类,再往下逐步细化就容易多了。当然,你如果通过观鸟对鸟儿产生了浓厚的兴趣,这时你再回过头来研究鸟儿的分类,必将对你掌握鸟类的知识有更大的帮助。

通常我们观鸟时一般的辨认和识别方法是,看到不知名的鸟或没见过的鸟以后,我们会问同行的观鸟人或者翻看鸟类图鉴,即使同行的观鸟者告诉了鸟名,我们通常还会对照鸟类图鉴仔细看几遍以加深印象。

多记鸟类图鉴内鸟的类别、名称和特征很重要,有了一个大致的概念,当在野外看到鸟时,根据所看到的特征,从图鉴中找出就比较容易了。

观鸟人在长期的观鸟实践中,总结出在野外迅速辨认鸟儿的方法。他们辨识鸟儿主要从下面几个方面入手：

（1）鸟儿体形的大小与形状

首先从鸟儿的身体的大小来区分。许多不同种类的鸟儿形体差异较大，从鸟儿形体就可以将鸟大致区别开来。如，猛禽、鸡类的体型比较大，而莺类体型比较小等。而且从人们观察事物的习惯来看，看到一个东西，首先判断它的大小和形状，因此我们辨识鸟儿，应该先从体形的大小与形状入手。

在野外观鸟时，判断鸟的大小不能用尺去量，通常用参照物比较的方式。一般以一种常见和熟悉的鸟作为比较标准。例如树麻雀是各地都常见的鸟，可以用它来作比较标准。树麻雀一般体长15厘米，我们比较某种鸟的大小时，以它作参照物便可以做一个基本的判断了。

其次从鸟儿的体型来区分。鸟儿同人类一样，也有体型的区别，所不同的是，人类同一人种的体型差异较大，而鸟儿不同，同一种鸟儿的体型比较一致，不同种鸟的体型相差较大，这就为我们辨识鸟儿提供了方便。有的鸟种圆胖，有的鸟细长，有的鸟儿有长长的尾巴等，这些都是我们在观察中首先要注意到的。

（2）鸟儿喙的大小与形状

嘴在鸟类专业术语称为喙。经过长期的进化，动物都长有适合自己取食习惯的嘴，鸟儿也是如此。由于不同鸟儿的食物不同，鸟的嘴有很大的区别。有的长，有的短，有的粗，有的细，有的笔直，有的弯曲。通过观察鸟的嘴也能区别出许多鸟来。特别是在大小、体型差不多的鸟种上，如鸫类、鹟类的鸟儿，有时仅从大小、体型和羽色上很难区分开来，但观察它们的嘴，就能很快区分。相比较而言，鸫类的嘴短粗、鹟类的嘴较细长。

树麻雀一般长15厘米，可以作为参照物

鹀与鹨的大小与羽色很接近,但喙的区别很大

（3）鸟儿足的形状与颜色

鸟儿的足习惯上也包括腿,它的形状也是有利于生存逐渐进化而成的,相比较鸟的羽毛部分,各种鸟儿腿和足的形状和色彩比较固定,是我们辨认鸟的重要依据。

（4）鸟儿羽毛的颜色和形状

具有羽毛是鸟儿的最主要的特征,而鸟儿的羽毛也是最吸引人的地方之一。在依据羽毛的颜色和形状辨识的时候我们主要从以下几个部位来观察。

首先是脸部与头部,主要观察脸部是否有眉斑、眼圈、过眼线、头部是否有中央线或者横斑以及这些斑纹的色彩;

其次是腹部包括胸部,腹或胸是否有横斑、纵斑,或斑点、各种斑纹的形状和色彩等;

第三是背部与翼的上部,体背是否有斑纹,翼是否有翼带以及斑纹的形状和色彩等;

第四是腰部与尾部,腰部呈何种颜色,是否有横斑,尾羽是否有明显的斑纹等;

第五是在鸟儿飞行时,观察翼上是否有白色翼带或白斑,翼与背的颜色对比是否明显等。

以上所讲依据鸟类羽毛的颜色和形状辨识鸟儿,主要是针对一些羽色十分相近的鸟儿,而许多鸟儿的色彩十分艳丽,差别非常大,你一眼就可以将它们区别开来。

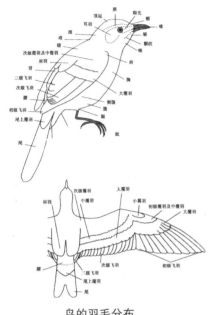

鸟的羽毛分布

啄木鸟攀附于树干上

（5）鸟儿的行为与习性

不同的鸟儿,其行为和生活习性也有较大的差别,熟悉鸟儿的行为与习性对于我们辨识鸟儿有很大的帮助。

首先,观察停栖时的姿态,是挺直、斜立或者呈水平状;

其次,观察鸟儿尾羽的摆动方式,是绕圈还是上下摆动;

第三,观察鸟儿停于树干的姿态,是攀附于树干上或者上下左右行走;

第四,观察鸟儿的飞行方式,是成波浪行还是呈直线形飞行,是否会在空中盘旋,是否会在空中悬停振翅等。

（6）鸟的鸣叫声

有些雀鸟鸣声独特,可以借此分辨鸟的种类。例如噪鹛、拟啄木鸟、猫头鹰和杜鹃等,这些鸟儿的鸣叫比较特殊,容易辨别。有时我们观鸟的时候只能听到鸟的鸣叫,而观察不到鸟,这时就需要依靠听鸟的鸣叫来辨识了。不过需要注意的是,有些鸟儿会模仿其他鸟雀的鸣叫声，例如乌鸫，有百舌鸟之称，它能模仿许多鸟的鸣叫声，容易使人混淆。我们在观鸟的时候要注意将它们区别开来。学习聆听鸟声，有助于分辨种类，是辨识鸟儿的一种重要手段。

三、影响鸟儿辨识的几个因素

鸟种辨识最具挑战性的地方是羽色的差异，但鸟儿的羽色会随着年龄、性别和季节有所不同，就算是同一鸟种，在不同地区也会有毛色差别，因此，我们要注意这些方面对我们辨识鸟儿的影响。

（1）季节的因素。许多鸟在不同的季节会有不同的羽色，特别是一些鸟的羽色变化与繁殖行为有很大的关系，它们会在繁殖季节换上鲜艳的羽毛以吸引异性，我们称之为繁殖羽。而在其他季节，则换上有保护色彩的羽毛。例如池鹭的繁殖羽头部和背部为棕红色和蓝灰色，十分艳丽，而它在非繁殖期，身上大部分羽色呈现灰褐色的条纹。

（2）年龄的因素。有些鸟儿从幼鸟长大至成鸟时逐渐换羽，而每次换羽后羽色都会有所改变；有些鸟类的幼鸟、未成年鸟和成鸟的羽色有很大差异；还有些鸟儿，换羽至成鸟的过程会分为几个阶段，例如鸥类，而每个阶段的羽色都很不一样。

（3）性别的因素。很多鸟类的毛色都是雌雄不同的，例如鸭类。一般的来说，雄鸟的羽色较为鲜艳，而雌鸟的羽色会比较暗淡，甚至看似未成年鸟。

非繁殖期的池鹭

繁殖期的池鹭

当然也有例外，有些鸟类，例如彩鹬，雄鸟需承担哺育幼鸟的任务，毛色就比较暗淡，相反则是雌鸟的羽色比较鲜艳一些。

（4）地域的因素。有的同一鸟种，在不同地区会有毛色和形态上的差异，这些我们通称为"亚种"。

（5）颜色的因素。有些鸟儿在同一种内也会有不同的羽色，例如大家比较熟悉的虎皮鹦鹉，就有黄、绿、蓝、白好多种不同羽色。棕背伯劳也会有黑灰羽色的。

此外，也还有一些人为的原因会影响我们辨识鸟儿，如观看时距离的远近，光线原因等，我们站在顺光位置和逆光位置观察鸟儿的感觉是完全不同的。我们在观鸟时应该尽量保持以顺光方向观察，因为只有在顺光的条件下，鸟儿的羽色才是最真实，最清晰的。还有视线干扰原因。生活在树林中的鸟，由于有树林的遮挡和鸟儿的不停地跳动，使我们对鸟观看时间极其短暂，记住的鸟的羽色往往不完整。还有使用设备的优劣等，这都给我们辨识鸟儿增加了难度，也正是这些难度使得辨识鸟儿具有很大的挑战性。

富有经验的观鸟者会告诉你，观鸟除需要掌握以上分类、辨识体形和羽色等要点，更要特别留意鸟类的形态、站姿和行为，要积累"感觉"和"鸟形"的经验。外国人将"感觉"和"鸟形"形容为"Jizz"。"Jizz"这个名词源于第二次世界大战，当时是用来训练飞行员"凭大小和外形的印象"来分辨友机或敌机的。

"感觉"和"鸟形"是观鸟综合知识和方法的体现，对判别鸟种很有帮助。许多有经验的观鸟者对眼前一晃而过，或林中稍纵即失的鸟儿，只要扫上一眼就能辨识出来鸟种来，就是凭的"感觉"和"鸟形"经验。特别是对一些没有明显特征区别，辨识难度很大的鸟种，"感觉"和"鸟形"经验更能发挥它的作用。

要获得"感觉""鸟形"的经验，需要很长的实践和积累，需要做出不断的努力。当你达到这个层次后，你将会体会到观鸟的更大的乐趣。

鸡形目

雨燕目

雁形目

鴷形目

佛法僧目

鹃形目

隼形目

鸮形目

鸻形目 鹬

鹳形目 鹮

鸽形目

鸥形目

鸻形目 鸻

鹤形目

鹳形目 鹭

鹳形目 鹳

雀形目

鸊鷉目

"鸟形"–鸟的剪影图

▶▶ 小贴士：

1. 鸟儿的命名

目前我国常用的鸟的分类和中文命名有郑光美、郑作新和马敬能的不同分类命名系统，因此同一种鸟的中文名称在不同书籍中可能是不一样的，但是，鸟的拉丁文命名，也称为学名的命名基本是一致的，在使用鸟谱对照辨别时，需要注意。

2. 鸟的分类

科学家把鸟类分为三个总目。(1)平胸总目，包括一类善走而不能飞的鸟，如鸵鸟。(2)企鹅总目，包括一类善游泳和潜水而不能飞的鸟，如企鹅。(3)突胸总目，包括两翼发达能飞的鸟，绝大多数鸟类属于这个总目。

目以下再按科、属、种、亚种的顺序细分。

观鸟的记录及整理

观鸟记录就是将一次观鸟活动的情况记录下来，它既是该次观鸟活动的小结，也是该次观鸟活动的直接成果，观鸟记录是一次完整观鸟活动中的重要内容。虽然观鸟记录不是要求每一个观鸟者必须要做的功课，但是培养坚持做记录的好习惯将使你受益匪浅。一方面它能迅速提高你的观鸟水平，记录你观鸟的历程；另一方面它也能将观鸟这种个人的行为转变为一项社会的公益活动。现在业余观鸟者已成为研究鸟类的一个重要力量，他们所做的观鸟记录，已成为越来越多科学家、科研机构不可忽视的重要资料。

一、观鸟记录的几种形式

1. 文字记录

文字记录就是用文字记录观鸟情况，是目前用得最多，也最常用的记录方式。文字记录要求记录的基本内容分为两大部分，一部分是与观鸟及环境有关的情况，主要有：

061

（1）地点。所描述的观鸟地点一要准确，二要具体，范围不要太大；

（2）行走的路线。从什么地方到什么地方，中间经过什么地方，这是对观鸟地点的更细致的描述，是为了使观鸟地点更具体，更清晰；

（3）生态环境的描述。如森林、丘陵、湿地、林地、农地、城市等；

（4）天气情况。天气的不同对鸟儿的活动影响较大，晴天、阴天、雨天鸟儿的活动程度都有所不同，由于光线的原因，对我们辨识鸟儿也会有影响；

（5）时间。记录时间可以反映出是在什么季节进行的观察，也可以反映出是在一天的什么时段观看到的鸟。不同的季节和时段，所能见到的鸟儿也会有所不同；

（6）观鸟的人员。观鸟一般结伴而行比较好，人员多一些，对鸟儿的辨识会比较准确一些，所做的观鸟记录可信程度也就高一些。一般做观鸟记录以两人以上为宜；

（7）设备情况。观鸟装备的优劣直接影响观鸟的效果。例如如果没有高倍数的单筒望远镜，观察远处的鸟儿，特别是水鸟类就比较困难，因为水鸟一般离人的距离比较远。如果看不清楚，直接影响到欣赏鸟儿的美丽和辨别。

以上这些基本情况对专家审查你的记录也有帮助，他们可能根据这些基本情况来帮助判断你的记录是否准确。

第二部分是鸟种和鸟数的记录。这里要记录下鸟的种类和每种鸟的数量。由于鸟是活动的，在观鸟的过程中，经常会看到鸟儿飞来飞去，这时应该怎样统计它的数量呢？通常遵循这样一个原则，沿着观鸟路线的前进方向，如果有鸟从后面

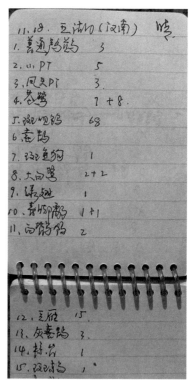

观鸟原始记录

往前飞过，而且这个鸟种已经在前面记录过的，便不再增加鸟的数量；其他情况，如鸟从前面往后飞行，或者从我们面前左、右飞行，应该记录鸟种的数量。当然，如果能确认一只鸟已记录过了，而它现在又飞回来了，便不需要再记录。

鸟种记录中特别要注意的是对于一些我们不认识鸟种的记录。在观鸟中有时我们会发现过去没有见到过的鸟儿，这时可以迅速查对野鸟手册之类的书籍进行辨认。如果在书上一时找不到，或者书中根本就没有，就要采取野外观鸟笔记的记录方法。就是用文字描述所看到的鸟儿的外形、大小、羽色和行为等。这时如能加上手绘示意图，并在示意图上标明观察到的鸟儿的颜色和羽毛斑纹的分布，对事后辨认会有很大帮助。有经验的观鸟人，每次观鸟时，都会带上几张事先画好的鸟儿的示意图，遇到未见过鸟时，会直接在准备好的示意图上标明鸟儿的特征，以备回来后再辨认。

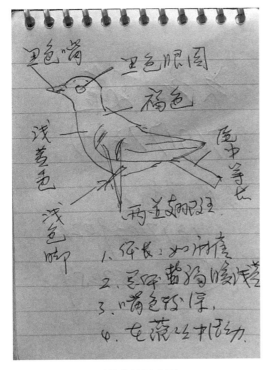

手绘鸟的示意图

野外记录鸟儿特征的重点是以下内容。

大小：与常见的雀鸟，例如麻雀的比例；

头部：头形和毛色、眉纹或斑纹、眼圈；

嘴部：与头部的长度比例、形状；

体形：颈与尾的长度、站立时翼尖的位置、尾部形状、脚与脚趾的长度、飞行时位置、脚趾无蹼、有蹼；

上体和下体的羽毛颜色分布；

飞行外形：整体形状长、

短、圆、阔、瘦长，初级飞羽伸展和形状，尾部是展开还是紧合；

觅食姿态：在空中捕食、潜入水中捕食、在泥土中挖掘、在枝头捕猎；

飞行姿态：直线或起伏飞行、拍翼、滑翔；

地上姿态：行走、跳、速度快慢等。

2. 影像记录

影像记录分为两类：

一是摄影记录，用来记录静态的图像。摄影记录是观鸟记录的一种辅助形式。过去要辨识一个新的物种，或者对某一物种进行研究，常常需要先将它获捕或猎杀制成标本供人研究。至从发明了影像技术以后，人们便更多的采用摄影、录像的办法来记录物种，这无疑对野生动物的保护是一个福音。摄影对于观鸟记录，作用十分明显，有时在野外观察到不认识的鸟种，而用文字又难以表述，这时候如果能用照相机将它拍下来，留待回去仔细研究就方便多了。如果在一个地方发现了新的鸟种，用照相机记录下来就非常有说服力了。

拍鸟图

录像图

二是录像记录，用来记录动态的图像。录像记录也是观鸟记录的一种辅助形式。也可以作为记录的证据。但它更多的是记录鸟儿的行为,在对鸟行为研究中有很大的帮助。同时,它也可以制作成丰富的影像资料,用在环境保护的宣传上。国内现在已有人在做这方面的尝试,并取得了很好的效果。

3. 声音记录

声音记录也是观鸟记录的一种辅助形式,也可以作为观鸟记录的一种证据。现在观鸟人为鸟儿的鸣叫做录音,更多的是收集那婉转美妙的歌声。声音记录也同摄影记录、录像记录一样,逐渐形成观鸟的一个重要分支。许多鸟类爱好者收集鸟儿的鸣叫声,制成丰富的声音作品,让人们在城市里,在家中就能听到大自然的声音,陶醉于天籁声中,对潜移默化地宣传环境理念起到很好的作用。国内现在已有观鸟人在做这方面的尝试,相信有一天我们能听到更多大自然的音乐。

录音图

二、记录的整理

记录在手册上的观鸟记录，只是观鸟的原始记载，要使它成为一份完整的观鸟记录，还需要在后期做一些整理工作。现在由于计算技术和互联网的快速发展，使得像整理观鸟记录这样单调和枯燥乏味的事情也变得容易和有

中国观鸟记录中心

趣起来。人们设计了许多整理观鸟记录的程序，你只要用网络和计算机就可以整理好你的记录。现在中国大陆使用比较多的是中国观鸟记录中心(http：//www.birdreport.cn/)网站。点击进入观鸟记录中心后，如果你是第一次进入，而且你打算上传你的观鸟记录，那么你需要先行注册。注册成功后你就成为观鸟记录中心的一员，随时可以利用观鸟记录中心的程序整理、上传和下载观鸟记录。

利用观鸟记录中心整理观鸟记录的方法是：首先，按照表格的要求填写好观测地点：观测日期、记录者、观测者、天气情况、观测装备、环境与路线等。然后是鸟种填写。鸟种可以直接用菜单选择，这样可以提高效率。

当你将观鸟的所有鸟种和鸟数全部填完以后，如果意犹未尽，还可以写点笔记，记下你在这次观鸟中的体会。全部完成后，点击修改完毕。这时程序会自动生成一份标准的观鸟记录，上面除了有你自己填写的内容外，还统计出了你所记录鸟种的种类以及目、科、属的数量。这份观鸟记录待审核通过后，你可以下载下来存在自己的计算机中，或打印出来收藏。而这份记录放在记录中心就成了社会的公共资源，你便做了一件有益于社会的事。

三、观鸟记录，鸟类科学研究和资源调查记录

以上所说的各种记录方式，都是观鸟的记录，它与鸟类科学研究和资源调查的记录有很大的不同，但两者可以互为补充。它们的区别和联系主要表现在：

（1）两者的目的不同。观鸟记录的主要目的是为了记录下观鸟的成绩，发现鸟儿的分布情况，帮助提高欣赏水平。调查记录的目的是为了收集数据，用于专门的用途。

（2）方法不同。因为两者的目的不同，因此所采用的方法有很大的区别。如我们在观鸟中采用行走的方法观鸟，往往会在鸟儿比较多的地方或者很少见鸟儿的面前多停留一会，仔细观赏一番，比较随意。而在鸟类资源调查中的采用样线法时，要求行走的速度要均匀，不在一地较长时间停留，采用样点法时，要求在每个点观察的时间要相当，不能忽长忽短。这些都是与观鸟有很大不同的。总而言之，用于鸟类科学研究和资源调查的调查与调查记录要求按照设计的方案严格执行，不得随意改变，而观鸟则比较随意，当然记录也就没有鸟类调查记录严格了。

（3）虽然两种记录的目的不同，但基本要求都是真实和尽量准确的记录。无论是观鸟的记录，还是调查的记录，记录的鸟种和鸟的数量要真实和尽量准确，这是对自己负责和对科学负责的态度。一个严谨的观鸟者，往往是科学工作者青睐的对象。每当他们有了调查的项目，都会热情邀请有实践经验和态度严谨的观鸟者参与，这种参与对于观鸟者来讲也是非常难得的机会。因为参与鸟类调查，可以在专家的指导下较快地提高自己辨识鸟儿的能力。现在有许多鸟类科学研究和资源调查，都有观鸟者的参与。

（4）两者的调查互为补充。观鸟记录虽不如调查记录那样严谨，但是，由于观鸟者众多，观鸟的范围很广，因此，他们的观鸟记录数量极多，覆盖面很大，密度很高，这些都是专家的鸟类调查不可能做到的。特别是对一些有迁徙习性的鸟，如果将各地观鸟者的记录收集起来，就可以弄清鸟儿的迁徙路线以及在迁徙过程中的表现。

▶▶ 小贴士：

鸟类资源调查中的样线法和样点法

样线法是观察者沿着固定的调查线路移动，并记录所经过样线两侧鸟类的种类和数量。调查过程中，沿样线在陆地上可以行走、驾车，在水域乘船，或在空中进行航空调查。样线法对大面积连续的开放生境调查最为适宜，例如沼泽地中的鸟，也适用于沿海岸线或湖滩开展水鸟调查。

样点法是在一定时间内，在固定的观察点进行观察计数。样点法在林鸟的调查中应用广泛，在对繁殖期水鸟或非繁殖期的一些活动隐秘的水鸟进行调查时也常采用。

观鸟篇

　　当你举起望远镜的时候，你会发现一个新的世界。当你举起望远镜观鸟时你会懂得如何与大自然保持和谐。

——笔者

一、从身边开始

我们的邻居

每天清晨，当我们刚从睡梦中醒来，就已经听见窗外的鸟鸣，好像是一天亲切问候的开始。傍晚，当我们结束一天的工作回到家里，鸟儿也逐渐安静下来，似乎是怕打扰了我们的休息。你看，这多么像是我们友好的邻人。

鸟儿是离我们最近的野生动物，而留鸟则是时刻伴随着我们的动物邻居。

那么，我们是不是应该首先认识这些邻居呢？你都能叫出名字吗？

有些鸟儿你可能从小就见过它们，但一直叫不出名字，或者一直叫着它的俗名。当这些鸟儿的名字被你一一弄清，或者纠正你多年以来错误的称呼时，你一定也会有一种豁然开朗的愉悦。

说到身边的鸟，首先要讲的是麻雀。

在我国，麻雀有树麻雀、山麻雀、家麻雀、黑顶麻雀和黑胸麻雀五种。

五种麻雀分布很不一样，其中树麻雀分布最广，我国南北各地都有，也分布于欧亚大陆。

树麻雀体长15厘米左右，雌雄的形、色非常接近。喙黑色，呈圆锥状；跗跖为浅褐色；头、颈处栗色较深，背部栗色较浅，饰以黑色条纹。脸颊部左右各有一块黑色大斑，这是树麻雀最容易辨认的特征之一。肩羽有两条白色的带状纹。尾呈小叉状，浅褐色。

树麻雀主要生活在城市及周边地区。是一种最常见的雀类，我们通常说的麻雀就是树麻雀。

山麻雀分布在我国的中、东部和南方，它们一般生活在远郊区和山地、丘陵地带。山麻雀与树麻雀体长相近，但色彩却显得格外艳丽，而且雌、雄颜色不同。雄鸟顶冠及上体为鲜艳的黄褐色或栗色，上背有纯黑色纵纹，喉部黑色，脸颊污白。雌鸟色较暗，有深色的宽眼纹及奶油色的长眉纹。山麻雀脸颊部没有黑色斑块，这是与树麻雀最明显的区别。

家麻雀主要分布在国外，如南美洲、非洲、澳大利亚、俄罗斯南部、西伯利亚南部等地，在我国只在新疆西边和东北的少数地方有分布。有些人，特别是生活在城市里的人，将身边看到的麻雀称为家麻雀，那很可能是将树麻雀误读为家麻雀。

黑顶麻雀和黑胸麻雀在我国主要分布于西北地区。

树麻雀

山麻雀

家麻雀

麻雀是与人类伴生的鸟类，栖息于居民点和田野附近。麻雀为杂食性鸟类，夏、秋主要以禾本科植物种子为食，繁殖期食部分昆虫，并以昆虫育雏。繁殖力极强，在北方每年至少可繁殖2窝，在南方几乎每月都可见麻雀繁殖雏鸟。育雏时主要以为害禾本科植物的昆虫为食，其中多为鳞翅目害虫。由于亲鸟对幼鸟的保护较成功，加上繁殖力极强，因此麻雀在我国数量很多。当谷物成熟时，多结成大群飞向农田掠食谷物，在庄稼收获季节很容易形成雀害。因此，1958年的"除四害运动"中人们一度将它列为四害之一，极力驱杀。后来当出现了大面积的虫灾时，人们才认识到麻雀在消灭害虫时的重要作用，为它"平反"，将它从四害中拿掉。

现在麻雀已列入我国二级保护动物名录。

▶▶ 小贴士：

"除四害运动"

1958年2月12日，中共中央、国务院发出《关于除四害讲卫生的指示》。提出要在10年或更短一些的时间内，完成消灭苍蝇、蚊子、老鼠、麻雀的任务。后来，"麻雀"被平反，由"臭虫"代替。之后，由于社会生活的变化，"臭虫"又被"蟑螂"取代。因此现在的"四害"为苍蝇、蚊子、老鼠、蟑螂。

喜鹊是在我国分布最广泛而常见的鸟儿之一，也是各地的留鸟。它适应能力很强，无论是在山区、平原、荒野、农田、郊区、城市都能看到它们的身影。喜鹊也是很有人缘的鸟类，多生活在人类聚居地区，喜欢把巢筑在民宅旁的大树上，在居民点附近活动。人类活动越多的地方，喜鹊种群的数量往往也就越多，而在人迹罕至的密林中则很难见到它们。在非繁殖期常结群活

喜鹊

动,白天在旷野农田觅食,夜间在高大乔木的顶端栖息。

喜鹊的食物当中,80%以上都是危害农作物的昆虫,比如蝗虫、蝼蛄、金龟子、夜蛾幼虫或松毛虫等,15%是谷类与植物的种子,也食小鸟、蜗牛与瓜果类以及杂草的种子。因此,喜鹊对人类是很有益处的。

很多人误以为喜鹊羽毛是黑白两色的,其实不然,那黑色的部分是一种深蓝,在阳光下可以看到能发出类似金属的光泽。

喜鹊除了帮助人们消灭害虫受到欢迎外,还因其色彩鲜明,叫声婉转,以及与人类接近等特点,自古以来就深受人们的喜爱,是好运、福气与吉祥的象征。文艺作品中将喜鹊入画、入诗的比比皆是。农村喜庆婚礼时最乐于用剪贴"喜鹊登枝"来装饰新房。"喜鹊登梅"亦是在中国画中非常多见的画面。

北宋文学家、书画家苏轼有咏喜鹊的词:"喜鹊翻初旦,愁鸢蹲落景。终日望君君不至,举头闻鹊喜。牧童弄笛炊烟起,采女谣歌喜鹊鸣。繁星如珠洒玉盘,喜鹊梭织喜相连"。

当然,最优美和最为人们熟知的还是"鹊桥相会",因为这个典故,银河也被称为"鹊河",而中国的"情人节",也被定在了农历七月初七。

现在喜鹊已列入《世界自然保护联盟》(2009年鸟类红色名录)和中国国家林业局2000年8月1日发布的《国家保护的有益的或者有重要经济、科学研究价值的陆生野生动物名录》。

在喜鹊的近亲中有一种叫灰喜鹊,体型较喜鹊瘦小许多。头顶、耳羽及后枕羽毛黑色,翅膀和尾巴呈天蓝色。广泛分布于中国的长江流域中下游及华东和东北,结群栖息于开阔松林及阔叶林,公园和城镇。在树干及地面上取食,食性较杂,食物为昆虫、果实及动物尸体等。

灰喜鹊

灰喜鹊是一种典型的由农村走向城市的鸟儿。因它喜食松毛虫，人们曾大量人工饲养，用来防治森林虫害。后来因森林虫害减少和环境改变，灰喜鹊逐渐进入城市，一方面继续在城市的树上采食，另一方面啄食人们遗弃的食物。在一些城市公园里，常常可以看到大群灰喜鹊围绕在垃圾箱旁寻找食物。

▶▶ 小贴士：

"鹊桥相会"：是我国四大民间爱情传说之一。天宫心灵手巧的织女与人间忠厚老实牛郎结婚后，男耕女织，情深义重，还有了两个孩子，一家人生活得很幸福。这事让天帝知道后，王母娘娘亲自下凡来，强行把织女带回天上，恩爱夫妻被拆散。在老牛的帮助下，牛郎担着儿女腾云驾雾上天去追织女，眼见就要追到了，却被天河阻隔。牛郎和织女被隔在两岸，只能相对哭泣流泪。他们的忠贞爱情感动了喜鹊，千万只喜鹊飞来，搭成鹊桥，让牛郎织女走上鹊桥相会，王母娘娘对此也无奈，只好允许两人在每年农历七月初七于鹊桥相会。

白头鹎

白头鹎，俗名白头翁，是我国长江流域及其以南广大地区的常见鸟类，多活动于丘陵或平原的树本灌丛中，也见于针叶林里，习性活泼，不怎么怕人，许多城市公园和居民小区都可以见到它们的身影。白头鹎是杂食性鸟类，既食植物性食物，也食动物性食物，食性还随季节而异。春夏两季以动物性食物为主，秋冬季则以植物性食物为主。动物性食物中以鞘翅目昆虫为最多，如鼻甲、步行甲、瓢甲。植物性食料大部分为双子叶植物嫩芽、浆果和杂草种子，如樱挑、乌柏、葡萄等。繁殖季节几乎全以昆虫为食，对植物保护有重要意义。

白头鹎秋冬季大多二三十只结成大群，活动于樟、楝等树上啄食果实。春夏季则仅3～5只相伴觅食。常栖息于矮树篱或灌丛的最高处，看见有昆虫飞过，便飞起捕食，然后再回到它栖息的树上。白头鹎喜欢大声鸣叫，鸣叫声婉转多变，十分悦耳，有时也显得过于吵闹。

白头鹎从3月就开始进入繁殖期，一直到8月。在这期间，它们产卵至少二次，每次可以产下3到4个蛋。卵呈椭圆形，色淡红，其上有深红、淡紫等色的斑点。巢穴一般筑在桑树茂密的绿叶丛中，或油茶树上及各种灌木丛中，距地大多2～3米。也有的白头鹎会把它们的巢建在高高的乔木树上，离地面约6米以上的高度。巢穴是用杂草、掉落的树叶、芦苇、草穗、石松和一些草的根茎做成的，形状为杯子状。窝内还会放上嫩草。

白头鹎已列入《世界自然保护联盟》（2009年鸟类红色名录），中国国家林业局2000年8月1日发布的《国家保护的有益的或者有重要经济、科学研究价值的陆生野生动物名录》。

白头鹎是以它头顶部的白色羽毛为特征而命名的。可是有的白头鹎头顶部羽毛并不是白色的，这又是为什么呢？

这里有两种情况，一种是幼年的白头鹎头顶部羽毛还没有变白，我们把还没有长成熟的鸟称为亚成鸟。只有当白头鹎完全长成熟以后它的头顶部才会变成白色，而且年头越长，白色羽毛会越多。

另一种情况是白头鹎有亚种。亚种是一个生物学上的名词，是指某个

白头鹎的海南亚种

种的表型上相似种群的集群,栖息在该物种分布范围内的次级地理区,而且在分类学上和该种的其他种群不同。如生活在海南地区的白头鹎头部就没有白色,无论它是亚成还是已经长成熟,它的头顶部都不会长出白色的羽毛。

▶▶ 小贴士:

世界自然保护联盟是目前世界上最大的、最重要的世界性保护联盟,是政府及非政府机构都能参与合作的少数几个国际组织之一。于1948年10月5日在联合国教科文组织和法国政府在法国的枫丹白露联合举行的会议上成立,当时名为国际自然保护协会(International Union for the Protection of Nature)简称IUPN。1956年更名为国际自然与自然资源保护联盟(International Union for the Conservation of Nature and Natural Resources), 简 称 IUCN。1990年正式更名世界自然保护联盟。目前共有82个国家,111个政府机构和800多非政府组织。中国首次参加了在蒙特利尔召开的世界自然保护联盟大会,成为第75个成员国。

我们的邻居除了生活在树上以外，还有许多生活在湖泊、河流和池塘里。小䴙䴘(pi ti)就是最常见的一种。

小䴙䴘的得名很有意思。它个头不大，身体圆胖，双足短小，在岸上走路时跟跟跄跄。䴙䴘一词在古文中形容走路不稳的样子，于是人们就给它起名小䴙䴘。它的俗名"水葫芦"，则是因为它的体形短圆，在水上浮沉宛如葫芦而得名。

小䴙䴘分布在我国的中东部地区，北到黑龙江、南至海南岛，都有它们的踪迹。它们生活在离人居住不远的湖泊，水库，溪流，水塘等各种水域环境中，以小鱼、虾、昆虫为食物。生性胆怯，常匿居草丛间，或成群在水上游荡，极少上岸，一遇惊扰，立即潜入水中。

每年5月，小䴙䴘开始繁殖。它的巢很特别，不在固定地点，而是随波逐流，飘荡在水上。巢建好后，产4～5枚卵，由两只亲鸟轮流孵化。经过20多天的孵化，幼鸟便出壳了。幼鸟属于早成鸟，刚出壳就可以跃入水中跟在爸爸妈妈的后面游弋了。

小䴙䴘一家

在我国小鸊鷉的近亲有凤头鸊鷉、黑颈鸊鷉、赤颈鸊鷉和角鸊鷉，其中凤头鸊鷉数量比较多，离人类比较接近，也是我们的邻居。

小鸊鷉已被列入国家林业局2000年8月1日发布的《国家保护的有益的或者有重要经济、科学研究价值的陆生野生动物名录》。

我们身边的留鸟还有许多，对于这些几乎我们每天都能见到的鸟儿，当我们从观鸟的角度来观看它，欣赏它，认识它时，你一定会有许多新的发现。

观鸟当从身边开始。

生命的期待

在候鸟中有一类被称为夏候鸟。夏候鸟是指春季迁徙来此繁殖，秋季再向越冬区南迁的鸟。由此，我们可以知道，鸟类学家在区分夏候鸟和冬候鸟时，主要是根据鸟的迁徙目的来区别的，冬候鸟迁徙是为了越冬，夏候鸟迁徙是为了繁殖。这样，我们就知道了冬候鸟和夏候鸟都是根据鸟的迁徙习性，划分的一个相对的概念，它特别指某一个区域而言。对某一种鸟而言，它在某地是冬候鸟，在另一地就会是夏候鸟。

每年的春天来临，那些因为天冷食物缺乏而到南方越冬的候鸟们，陆陆续续向它们的繁殖地迁徙，开始它们生命最精彩的日子——繁殖季。

对于长江流域来讲，鹭类是最具有代表性的夏候鸟。鹭是一个大的家族，常见的有夜鹭、池鹭、牛背鹭、白鹭、中白鹭和大白鹭等。从3月开始，它们就开始陆陆续续来到这里。

这时的白鹭、中白鹭和大白鹭都会长出细细长长的羽毛，称为蓑羽。因为极像新娘子穿的漂亮的婚纱，所以人们也称这种羽毛为婚羽。池鹭和牛背鹭虽然没有细细长长的羽毛，但它们会把自己的羽毛染得十分鲜艳。繁殖期的池鹭，头顶、羽冠、颈侧均为栗色，背羽黑色并延伸呈蓑羽状，胸部紫栗色。而牛背鹭繁殖期头、颈、上胸及背部中央长出的蓑羽呈淡黄至橙黄色。

鸟类装饰自己的目的，是为了获得伴侣的芳心，漂亮的羽毛往往会为它们在争夺配偶时加分。

　　它们各自选好配偶以后，便开始筑巢。它们喜欢集体居住，将巢建在靠水边林中高高的树上，而且会利用上年的旧巢重新装修后使用，这样可以节省很多的时间。有意思的是，它们好像开会协调好了一样，繁殖有先有后，交替进行，先是夜鹭、池鹭、牛背鹭，然后是白鹭、中白鹭和大白鹭。

　　小鸟出壳后的一段时间里，是林子里最喧嚣的日子。从早到晚，林子里鸟儿叫个不停。为了喂饱小鸟的肚子，亲鸟们每天地四外觅食，来来回回，匆匆忙忙。而待在巢中的小鸟们远远听到父母归来的声音，便会大声呼叫，父母刚落脚，它们就一窝蜂地拥上去，吵着、争夺着，希望最先得到父母带回来的美食。

　　8月的酷暑过后，天气逐渐转凉，小鹭们的羽毛已经丰满，在父母的呵护下，已经长大，它们将随着父母陆陆续续的到南方去过冬，生命的交响

漂亮的羽毛会为鸟儿在争夺配偶时加分

繁殖期牛背鹭长出的蓑羽呈现出好看的金黄色

小鸟出壳后的一段时间里，是林子里最喧嚣的日子

曲渐渐落幕……

许多水鸟和湿地鸟类如雁、鸭、鹬、鸻、鹤类的繁殖地大都在我国东北地区或者更北一些的地方，而许多林鸟的繁殖地在长江流域一带。夏日，它们的到来，为观鸟人提供了许多观赏的机会。

寿带鸟是一种非常美丽的森林和平原林区鸟类，身形优美，羽色漂亮。雄鸟体长约30厘米，一对中央尾羽在尾后特形延长，长达躯体的数倍，形似绶带，因此而得名。成年雄鸟的头、颈和羽冠均具深蓝色辉光，身体其余部分或为栗色或为白色而具黑色羽干纹。鸣声清脆响亮，特别是在清晨，尤其悦耳动听。

长江流域是它们的重要繁殖地，入夏以后它们来到这里生儿育女，天气转凉再向南方迁去。

因此，当你夏日行走在长江流域的山林或田间时，经常会看到寿带鸟摇曳着超长的尾羽飘然飞过，如林中仙子。是观鸟人夏季观鸟的目标鸟种之一。

栗色形寿带鸟

白色形寿带鸟

寿带鸟几乎完全以昆虫为食，包括蝇类、天蛾、蝗虫、螽斯、金龟、金花虫和松毛虫等，这些都是严重为害农林的昆虫，因此，寿带鸟是对人类非常有益的鸟类。

寿带鸟有栗色形和白色形两种，关于寿带鸟的两种色形问题，人们通过长期的观察才弄清楚。

人们发现，寿带鸟有长尾巴的和短尾巴的两种，短尾的只有栗色，而长尾巴的却有栗色和白色。这是怎么回事呢？通过观察，人们首先知道了短尾巴的寿带鸟是雌性，而长尾巴的是雄性，也就是说，雄性的寿带鸟有栗色形和白色形两种。如果是这样，那么为什么有的地方只有栗色形而没有白色形？

通过不断的观察和仔细研究，人们终于弄清了这里面的原因。原来，寿带鸟有多个亚种，有的亚种栗色形是雄鸟青年期的羽色，到了老年便变成白色形了。有的亚种大多数的雄鸟为白色形；有的亚种雄鸟白色形不到一半，还有的亚种雄鸟几乎无白色形。正是寿带鸟的多个亚种以及亚种中白色形的比例又不一样，才造成了人们认识的迷惑。

蓝喉蜂虎也是一种典形的夏候鸟，每年5月从东南亚飞来我国，在云南、广西、广东、海南、湖北、湖南、江西、福建、河南等地都有分布,夏季多繁殖于湖北及长江流域地区,在海南岛为留鸟。

蓝喉蜂虎

蓝喉蜂虎属中等体形的鸟类,约长28厘米。成鸟头顶及上背巧克力色,过眼线黑色,翼蓝绿色,腰及长尾浅蓝,下体浅绿。

蓝喉蜂虎喜低洼处开阔的原野和林地,以蜻蜓、蝴蝶、蜜蜂等昆虫为食。它常待在树枝上等待,发现过往昆虫便一跃而起,从空中将其捕捉。繁殖期间,集大群在原生态河流岸边的沙土坡地挖洞筑巢,洞深可达一米。

蓝喉蜂虎在求偶期间有一个很有趣的行为,雄鸟捕捉到食物以后,它会在雌鸟面前反复抛、接食物,以引起雌鸟的注意。如果雌鸟感兴趣了,它会将食物喂到雌鸟口中,如果雌鸟接收了,雄鸟会继续示爱,并完成一次交配行为。

我国以喉部色彩命名的蜂虎有4种,分别是蓝喉蜂虎、绿喉蜂虎、粟喉蜂虎、黄喉蜂虎,四种蜂虎习性相近,分布却很不一样。蓝喉蜂虎主要分布在我国的中东部及东南沿海,绿喉蜂虎主要分布在我国的西南部云南一带,粟喉蜂虎主要分布在我国的西南及南部沿海,而黄喉蜂虎则主要分布在我国的西北部新疆一带。

鸟的季候性

很多鸟类具有沿纬度季节迁移的特性。夏末秋初的时候这些鸟类由繁殖地往南迁移到越冬地，而在春天的时候由越冬地北返回到繁殖地。这些随着季节变化而南北迁移的鸟类称之为候鸟。

就特定观察地点而言，这些南来北往的候鸟可依照它们出现时间的不同予以归类，以武汉为例，夏天由南方来到武汉繁殖的候鸟称之为"夏候鸟"，冬天由北方来到武汉越冬的候鸟则称为"冬候鸟"。如果候鸟在比武汉更北的地方繁殖，在更南的地方过冬，它们在秋季南下与春季北返经过武汉时只做短暂的停留，则称之为"过境鸟"，也称为"旅鸟"。

同一种候鸟在不同的观察点，可能被归为不同的类别。

匆匆的过客

迁徙是候鸟的特性。全世界有近1万种鸟类，每年有近百亿只鸟从繁殖地到越冬地往来迁徙，它们穿越大海、沙漠、丛林、城镇，从欧亚大陆飞向非洲，从遥远的西伯利亚飞向大洋洲；而小小的北极燕鸥一年要飞行几万千米，在南北极间往返穿梭，且能准确地回到繁殖地。

鸟类每年定期且大规模的迁移，在很早以前就吸引人类的注意。候鸟为什么要迁移？从哪里来？要去哪里？是否所有族群都会迁移？为什么有些鸟迁移得比其他的鸟要远？什么机制促使候鸟在每年几乎固定的时间开始迁移？候鸟用什么方法在茫茫天际间往正确的方向迁移等等，一直都是科学家深感兴趣的课题。

燕鸥是长途迁徙鸟类的代表，大部分在温带繁殖的燕鸥都是长途迁徙的，而北极燕鸥因由北部繁殖地迁往南极海，故可能比其他生物见到更多阳光。

083

燕　鸥

　　1982年夏天在英国诺森伯兰郡对面的法恩群岛，科学家对一只还未懂飞行的北极燕鸥雏鸟进行环志纪录，后来发现它于同年的10月到达澳大利亚墨尔本。在3个月内就已经飞了超过22000千米，平均每日飞行超过240千米，是已知最长的旅程之一。

　　许多鹬、鸻类也具有长途迁徙的习性，它们几乎就在地球的两端来回飞行。这些燕鸥和鹬、鸻类鸟儿，它们即不在我国越冬，也不在我国繁殖，而只是一群匆匆的过客。它们在往返所经过的区域时被称为旅鸟。

　　对于观鸟爱好者来讲，上面的问题并不是他们要关心的，他们正可以利用候鸟的迁徙习性，无须远距离跋涉，便可以在自己的家门口欣赏许多难得一见的鸟儿。

　　燕鸥与鸻、鹬类主要沿海岸线迁徙，每年的春季的4、5月份和秋季的10、11月份，我国福建省的闽江口、上海的崇明，江苏的如东、河北的北戴河、辽宁的丹东都会迎来大批燕鸥与鸻、鹬，它们在这里做短暂停留，补充食物，恢复体力后又继续飞行，赶往目的地。因此，这些地方都是观看迁徙鸟类的好地方。

在迁徙的鸻、鹬类鸟中，也有一部分会选择从我国的中部通过。它们在所经过的区域寻找有浅滩的水域作短期停留，休息和补充食物，这时便是内地的观鸟人观看少见鸟种的好时机。

下面是一位观鸟爱好者写下的，他们在本地见到难得一见的大滨鹬时的情形。

每年4-5月，是许多水鸟长途迁徙的季节。迁徙途中，它们会选择环境好，食物充足的地方作短暂停留，以补充食物和恢复体能。因此每到这个季节，是武汉鸟人忙碌的时候，都希望在这不长的时间里能看到更多的鸟儿。

2010年的4月，在武汉鸟人中有探路者之称的"老丢"在网上发布了信息，告诉大家在汤逊湖一带，有一处放了水的鱼塘，露出了浅滩，有鸻、鹬类鸟活动，并提供了详细的乘车路线。

4月17日是个星期六，我和小龙老师像以往一样准备好行装和设备，特地带上了看水鸟用的单筒望远镜。按老丢提供的乘车线路，前往汤逊湖那个鱼塘。

到了目的地一看，果然如老丢所述，很大的一个鱼塘已基本放干了水，只留下一些水凹和浅滩，这正是迁徙的水鸟最喜欢停留的环境。

架好望远镜，开始慢慢搜索，不一会，黑翅长脚鹬、青脚鹬、金眶鸻等已收入镜中。突然，一只体型较大，身上有明显褚红色斑块的水鸟进入我的视线。新鸟！没有见过的新鸟！我们的情绪一下子兴奋起来，两人轮流观看，努力记住它的特征。小龙老师拿出随身携带的《中国鸟类野外手册》翻看对照，我则取出数码相机，对着望远镜的目镜拍下照片。"大滨鹬！你看，就是它，大滨鹬。"小龙老师指着书中的图片大声说。对，就是它，特征明显，无可置疑。据我们所知，大滨鹬在武汉还没有被记录过，这应该是武汉市一个新的鸟种记录。对于鸟人来讲，记录到新的鸟种是一种荣誉。

我们记录到大滨鹬的消息很快在鸟友中传开，第二天就有鸟友赶去，同样也看到了。不过晚去几天的鸟友就没有了这样的福气，大滨鹬或许已经北上，或许飞到另外的鱼塘……

085

大滨鹬

黑翅长脚鹬

反嘴鹬

▶▶ 小贴士：

人类研究鸟类迁徙的主要方法

环志：环志是将野生鸟类捕捉后套上人工制作的标有唯一编码的脚环，颈环，翅环，翅旗等标志物，再放归野外，用以搜集研究鸟类的迁徙路线，繁殖，分类数据的研究方法。现代环志研究起始于1899年的丹麦，至今全球每年有超过百万鸟类被环志。早期的环志使用的是雕有环号的金属脚环，固定在候鸟的足部，现在的环志不仅使用金属足环，还使用颈环、翅旗、脚旗等标志，所使用的材质也扩展到工程塑料等，并利用彩色环编码。由于最新的环志标志可以在不捕捉鸟类的条件下被识别，因而极大地提高了环志的回收率。最著名的被环志的鸟类是一只北极燕鸥，它于1980年代初被环志，至今仍然每年穿梭于地球的两极之间。它被媒体以丹麦女王玛格丽特二世的名字命名，每年都有大量观光客专程到它繁殖的岛屿上只为看到这只著名的北极燕鸥。

无线电追踪：无线电追踪是近年来随着微电子技术的发展而产

生的一种研究鸟类迁徙的方法，它通过安放在鸟类身上的一具无线电信号发射机来精确定位鸟类的位置，从而可以绘制出鸟类迁徙的路线，但是由于技术水平的限制，无线电追踪技术只能应用于鹳、鹤、雕等大型鸟类，同时需要支付昂贵的代价，因而应用范围不广泛。目前保持无线电追踪世界纪录的是一只名叫多娜（Donna）的白鹳，它于1999年被套上卫星定位发报器，2005年3月5日在法国南部卡夫多斯（Calvados）的塞纳河口触电线身亡，期间它背负无线电定位器为研究者提供了2033天的科学数据。

有朋自远方来

　　人们把冬天由北方来到某地越冬的候鸟称为"冬候鸟"，我国许多地方是"冬候鸟"的重要越冬地。来这里的"冬候鸟"多为鹤类、雁类和鸭类，这些鸟儿繁殖地在遥远的北方，有的甚至在西伯利亚苔原地带，因此，冬季是我们观赏它们最好的时机。

　　大天鹅又叫白天鹅、鹄，是冬候鸟中体型最大的。它们在中国北方、新疆、内蒙古、黑龙江，蒙古人民共和国和俄罗斯的西伯利亚等地繁殖，冬季则到中国的黄河和长江流域越冬。每年的2月末3月初它们离开越冬地又向繁殖地迁徙，约在3月末4月初到达繁殖地。

大天鹅

　　大天鹅保持着一种在鸟类中少有的"终身伴侣制"。平时，无论是取食或休息都是成双成对，形影不离。特别是雌天鹅在产卵时，雄天鹅会在一旁守卫，一刻也不离开。遇到天敌入侵，它便高声鸣叫着拍打双翅冲上前去与对方搏斗。如果其中一只死亡，另一只终生单独生活，形如人类的"守节"。

　　9月中下旬，当年出生的小鹅羽毛已经丰满，大天鹅便带着它们开始离开繁殖地往越冬地迁徙。迁徙时常成6～20多只的小群或家族群同行，飞行时常成"一"字、"人"字队行。经常一边飞行一边鸣叫，叫声高亢响亮。约10月下旬至11月初到达越冬地。

　　大天鹅体形巨大，羽毛洁白，动作优雅，深受人们喜爱。大天鹅的"终身伴侣制"也被人们看作是对爱情忠贞不渝的象征。古人用"雌雄一旦分，哀声留海曲"和"步步一零泪，千里犹待君"的诗句来形容它们的情深意切。

　　在我国诸多大天鹅越冬地中，山东荣成烟墩角是最有特色的。荣成市位于山东省最东端，境内海湾、沼泽和湿地非常适合大天鹅栖息。每年11月份到来年4月份，近万只大天鹅都会从西伯利亚及蒙古等地到此越冬。

山东荣成烟墩角是大天鹅重要越冬地

这里的大天鹅离人类最为接近，人们与大天鹅的距离可以近到2米，甚至1米。被誉为世界上可以与大天鹅"零距离接触"的地方之一。

　　大天鹅与人类近距离的接触，得益于当地对生态环境和野生动物的保护。为了保护境内珍稀的野生动植物资源，早在1985年荣成市便建立了大天鹅自然保护区，除严厉打击非法侵占保护区湿地资源、猎捕野生动物等违法行为之外，还采取关停污染企业、集中处理垃圾、修整海滩、适当投食等措施，为来此越冬的大天鹅营造舒适"家园"。随着环境的改善，来此越冬的大天鹅逐年增多，目前大天鹅在荣成境内越冬数量已有1万只左右。

　　大天鹅的到来，吸引了全国各地的游客、观鸟者和摄影爱好者。每天清晨，他们观赏着大天鹅从天际线飞来，成双成对地降落在恬静的海面上，有的拍翅嬉戏，吵闹一片；有的交颈摩挲，温情脉脉；有的翩翩起舞，悠闲自得；真个千姿百态，令人赏心悦目。

　　大天鹅带动了当地冬季旅游及相关服务业发展，有资料显示，跟着大天鹅"沾光"的旅游收入占荣成市冬季旅游收入的六成。

　　大天鹅曾一度是人们重要的狩猎对象。由于过度狩猎和湿地被开垦，曾使大天鹅的种群数量急剧减少。近年由于世界各国都注意了对大天鹅的保护，大天鹅在世界各地的种群数量已有明显增加。估计目前全世界大天鹅总的种群数量在10万只左右。中国已将大天鹅列入国家重点保护野生动物名录，并作为一类保护动物受到重点保护。大天鹅也被列入《世界自然保护联盟》国际鸟类红皮书2009年名录。

　　大天鹅的近亲是小天鹅，别名短嘴天鹅。它与大天鹅在体形上非常相似，同样是长长的脖颈，纯白的羽毛，黑色的脚和蹼。虽然它的身体比大天鹅小一些，颈部和嘴也比大天鹅略短，但如果在只有小天鹅没有大天鹅可以比较的情况下很难分辩。要区别它们，最有效的方法是比较嘴基部黄颜色的大小和形状。大天鹅嘴基的黄色延伸到鼻孔以下，呈三角型，而小天鹅嘴基的黄色沿嘴缘不超过鼻孔，呈梯形。而且小天鹅的鸣叫声清脆，有似"叩，叩"的哨声，而不像大天鹅那样像喇叭一样的叫声。

089

小天鹅和大天鹅的习性相仿，也在差不多的时间迁移。不过小天鹅似乎更怕冷一些，它们的越冬地更靠南，主要是在长江流域。

小天鹅数量较大天鹅多，是中国国家二级保护动物，在中国濒危动物红皮书中列为易危级。

冬候鸟中有许多珍稀鸟种，中华秋沙鸭就是最有代表性的一种。它两肋的羽毛上具有黑色鳞纹是最醒目的特征，因此，它早先的名字叫鳞肋秋沙鸭。后来，鸟类学家发现它们的原产地是我国吉林省长白山地区，只有零星个体偶尔飞到朝鲜和俄罗斯远东地区境内，所以才改称它为中华秋沙鸭。此外，脑后有两簇冠羽像凤头一样，也是它的特有标志。

小天鹅

中华秋沙鸭是第三纪冰川期后残存下来的物种，距今已生存了1000多万年，被称为鸟类中的活化石，是我国特产稀有鸟类，与大熊猫、华南虎、滇金丝猴齐名，同为中国国宝，属国家一级重点保护动物。其分布区域十分狭窄，数量也极其稀少，全球目前仅存不足1000只。由于这种鸭子以天然树洞为巢，又有人将它称作"会上树的鸭子"。

中华秋沙鸭在西伯利亚、朝鲜北部及中国东北小兴安岭等地繁殖地，到中国的江苏沿海，洞庭湖，贵州平塘，都匀，台湾屏东等地

中华秋沙鸭

越冬。主要食物为鱼类，石蚕科的蛾及甲虫等。栖息于阔叶林或针阔混交林的溪流、河谷、草甸、水塘以及草地。

21世纪初在赣东北的弋阳、婺源相继发现中华秋沙鸭较大越冬群，总数量至少超过100只，且数量和分布地点相对保持稳定。两地记录到的最大数量分别超过该种全球总量的1%。近几年也出现在江西省鹰潭市上清镇的芦溪河及九江市武宁县的修河中。

由于中华秋沙鸭的繁殖地山高林密，很难观察到它，因此，观鸟人便将观看中华秋沙鸭的目的地指向了长江中下游江西省的弋阳、婺源、鹰潭、九江、弋阳和婺源等地。

2000年，弋阳县建立了"中华秋沙鸭自然保护区"。在进行中华秋沙鸭保护的同时，为广大观鸟爱好者提供了一个观赏国宝的地点，也为弋阳县新增了一个难得的生态旅游内容。

中国濒危动物红皮书将中华秋沙鸭列为濒危，并已被列入国际自然与自然资源保护联盟濒危动物红皮书（IUCN）和国际鸟类保护联合会濒危鸟类名录（ICBP）。

贵客来敲门

冬季，寒风凛冽，天空不时飘洒着雪花。住在城里的人们，却在这时惊奇地发现，在城市公园甚至自己的家门口来了一些平时见不到的漂亮鸟儿。它们时而在雪地上觅食，时而跳上枝头，蓬松着羽毛，四处张望。它们的到来，为单调的冬天，带来了色彩，也带来了生机。

我们知道，留鸟是那些没有迁徙行为的鸟类，它们常年居住在出生地，大部分留鸟甚至终身不离开自己的巢区，但是有一些留鸟则会进行不定向和短距离的迁移，这种迁移在有的情况下是有规律的，比如乌鸦会在冬季向城市郊区和农田区域聚集，而在夏季则会分散到山区，这种规律性的短距离不定向迁移被叫作"漂泊"。还有一些鸟儿会根据季节的变化在高海拔和低海拔之间进行迁移,这种迁移叫作"垂直迁徙",以上所说虽然名为迁徙,但仍然是留鸟的一种行为。

我们冬季在城市里看到的那些鸟儿,有一部分就是这些"垂直迁徙"的鸟儿。它们随着食物状况而改变居住地,而城市及其周边冬季食物相对充裕,因而它们敲开了城市的大门。

2008年冬,武汉的观鸟人在武昌东湖边的一片树林,发现了一只名叫蓝额红尾鸲的雄鸟。不久,人们又发现了另一只雌鸟,原来它们是一对,只不过雌鸟似乎羞涩一些,常躲在树林里不怎么露面。

蓝额红尾鸲是一种体形不大,色彩艳丽,性情活泼而且不太怕人的鸟,具有比较典型的垂直迁徙习性。它们平时生活和繁殖于我国的西藏南、甘肃南、陕西南部秦岭以及四川、贵州和云南的高海拔山区。冬季移至繁殖地域内的较低海拔处。

这一对蓝额红尾鸲的到来,很快在观鸟人和拍鸟人中掀起了波澜,大家争相去一睹它们的芳颜,摄下它的倩影。这只雄蓝额红尾鸲也很有趣,知道人们来看它、拍它,会从树林中飞出来,享受访客们带来的面包虫,并摆出各种姿势,配合人们摄影。这样的表现,更激起了人们的热情,许多外地的观鸟人和摄鸟人也慕名而来,它俨然成了一个受人关注的明星。

从发现它们的2008年起,这一对蓝额红尾鸲每年都会如期而至,11月下旬它们就会

蓝额红尾鸲

来到武汉的同一地方,第二年的三月又悄然离去,不知何往。于是,每年的冬天,许多观鸟人和摄鸟人都会去探望这位神奇的鸟儿,仿佛去见一位久违了的老朋友。

不过,冬季来敲门的贵客并不都像那只蓝额红尾鸲爱出风头,更多的是静悄悄地来,又静悄悄地离去,要见到它们,需要我们有耐心地去寻找。

每年的冬天,在武汉大学那古色古香的校园里,就有一些到访的贵客,悄无声息的在这里渡过寒冷的冬季。

武汉大学建于珞珈山麓,校园濒临东湖,环抱珞珈山,校内四季常青,花香流溢,以樱花最为有名。校园内有种子植物120科、558属、800多种,其中属于珍稀濒危的植物有11科17种,古树名木13株;此外,还有大量小灌木、野生花卉、药用植物和岩生植物等。丰富多彩的植物体系和数量众多的珍稀植物,使珞珈山被誉为全国树木园。植物的多样性和生长时间的久远,为鸟类供了丰富的食物。

武汉大学校园除了留鸟以外,冬季会有许多冬候鸟造访,其中比较有代表性的是鸫类。

鸫为世界性分布,全世界约有300种,我国有40多种。

武汉大学风光

　　每年冬天，武汉大学除长留在此的乌鸫以外，还会看到很少见的灰背鸫、乌灰鸫、虎斑地鸫、宝兴歌鸫、白腹鸫。没有人知道它们什么时候到来，也没有人知道它们会什么时候离去，它们喜欢躲藏在茂密树木的下面，悄无声息。只有当它们用脚扒开地上的腐叶，寻找藏身下面的昆虫和果实，弄出很大的动静时，人们才知道它们的存在，也正是这样的响声，给观鸟人提供了信息，让观鸟人能窥视到它们的身影。

　　冬季到武汉大学看鸫，是观鸟爱好者一个很不错的选择。

灰背鸫　　　　　　乌灰鸫　　　　　　宝兴歌鸫

二、关注湿地鸟类

鸟与湿地

真正认识鸟和湿地以及与人类的关系，源于工作上的一次调研。

2003 年开始，我在为湖北省湿地立法做前期的调查研究，了解关于湿地的一些相关情况。

湿地概念提出的时间并不长，是人类最晚认识的地球生态环境。在森林、海洋和湿地三大生态系统中，湿地是地球上具有多功能的独特自然生态系统，是自然界最富生物多样性的生态景观和人类社会赖以生存和发展的重要自然资源之一，有很高的生产力和潜在的功能。

湿地因其复杂的食物网和丰富的动植物多样性而被看作是"生物超市"，由于其能够降解、去除水中沉积物、化学物质和其他污染物而又有"地球之肾"的美名，还因能够提供控制洪水、保护海岸免受侵蚀和风暴破坏的有效体系而被认为是"自然界的土木工程师"。

湿地不仅向人类提供了大量的食物、原料和水资源，而且在维持生态平衡、保持生物多样性和珍稀物种资源等方面均起了重要的作用。除此之外，湿地还具有巨大的经济价值和文化价值，湿地的作用得到越来越多的重视。

与森林、海洋生态系统相比，湿地分布最广，也与人类最为接近，也最容易受人类活动的影响。保护湿地资源，维持湿地的基本生态过程，对改善我国生态环境和保障经济社会持续发展具有重大意义。

但是，由于人们生活、生产的影响，湿地生态环境急剧恶化，生物多样性指数迅速下降，湿地生态系统在许多地方面临着严重危险。同时，湿地保护也因种种原因存在重重困难。

首先，在注重经济效益的当今，湿地的社会效益，特别是生态效益还没有被人们充分认识。过去，在没有湿地概念的时候，人们自然也不会谈湿地的各种效益。自从有湿地的概念以后，湿地的某些效益才逐步被人们所认识。但在认识的过程中，人们往往只看到了湿地的直接经济效益，例如：从湿地内捕鱼、割芦苇等获取动植物产品。但湿地的生态功能和社会价值往往被人们忽略了。实际上，根据科学家的研究，湿地的生态价值和社会价值要比其直接的经济价值高得多。

沼泽湿地

湖泊湿地

其次，湿地的权属不清，管理不明。我国政府在管理体制上经历了多次条条块块的变化，由于过去没有湿地这个概念，管理体制本身已将湿地分割得支离破碎。一块湿地涉及多个管理部门，如林业、农业、水产、水利、水运、环保、土地等，有的湿地还涉及多个行政区。管辖权的界定，权责的划分，交叉管理的协调等都需要重新研究和规范。

第三是湿地的特殊性。与其他类型的自然保护区相比，湿地的保护有其特殊性。许多湿地及其周边地区，也是人们生产生活的地方，不能够简单地画一个圈将其围住而不让人进去。湿地保护的同时必须考虑以湿地及其周边为生产资料的人们的生产生活问题,这无疑又加大了湿地保护的难度。

在发展的同时保护好湿地环境,是我们在改革中面临的新课题。

在国际上,关于湿地保护,最有影响的文件当属《湿地公约》。许多人都知道这个被人们普遍称为"国际湿地公约"的文件,但不一定知道它的内容甚至文件的全称。我也是在仔细阅读这个文件时,才第一次知道,文件的全称是:《关于特别是作为水禽栖息地的国际重要湿地公约》。由此,我知道了鸟类与湿地不可分割的生态关系,与人类的生态关系。

由于湿地位于陆生生态系统和水生生态系统之间的过渡性地带,在土壤浸泡在水中的特定环境下,生长着很多湿地的特征植物。湿地广泛分布于世界各地,拥有众多野生动植物资源。很多珍稀水禽的繁殖和迁

河流湿地

浅海滩涂湿地

水稻田是最典型的人工湿地

徙离不开湿地,因此湿地被称为"鸟类的乐园"。

水鸟是湿地野生动物中最具代表性的类群。湿地水鸟是指在生态上依赖于湿地,即某一生活史阶段依赖于湿地,且在形态和行为上对湿地形成适应特征的鸟类。它们以湿地为栖息空间,依水而居,或在水中游泳和潜水,或在浅水、滩地与岸边涉行,或在其上空飞行,以各种特有的喙和独特的方式在湿地觅食。无论它们在湿地停留的时间是长还是短,是日栖还是夜宿,是嬉戏还是觅食与筑巢,湿地水鸟在喙、腿、脚、羽毛、体形和行为方式等方面均会显示出其相应的长期适应的特征。因此,将依赖于湿地和经常栖息于湿地的鸟类一并统称为湿地鸟。

湿地水鸟是湿地生态系统的重要组成部分,灵敏和深刻地反映着湿地环境的变迁。据统计,我国有湿地水鸟12目32科271种,其中属国家重点保护的水鸟有10目18科56种,属国家保护的有益或者有重要经济、科学研究价值的水鸟有10目25科195种(见下表)。

中国湿地水鸟一览表

序号	目	科数	种数	国家重点保护水鸟			国家"三有"水鸟	
				科数	一级	二级	科数	种数
1	潜鸟目	1	4				1	2
2	䴙䴘目	1	5	1		2	1	3
3	鹱形目	3	12	1	1		3	7
4	鹈形目	5	15	4	1	6	3	6
5	鹳形目	3	32	3	3	10	2	18
6	雁形目	1	47	1	1	6	1	39
7	隼形目	1	1	1		1		
8	鹤形目	2	28	2	5	8	1	14
9	鸻形目	9	76	3		4	9	70
10	鸥形目	4	42	1	1	4	3	34
11	鸮形目	1	33	1		3		
12	佛法僧目	1	6				1	2
合计	12目	32	271	18	12种	44种	25	195

注:"三有"是指有益的、有重要经济价值的、有重要科学研究价值的物种。

(国家林业局2003年《全国湿地资源调查简报》)

按居留型可分为夏候鸟、冬候鸟、留鸟和旅鸟4类,其中大部分是候鸟和旅鸟。在亚洲57种濒危鸟类中,中国湿地内就有31种,占54%;全世界鹤类有15种,中国有记录的就有9种,占60%;全世界雁鸭类有166种,中国湿地就有50种,占30%。

我国湿地水鸟的分布是与各地的气候、水文、植被等自然地理特点相适应的。北方处于寒温带和温带,种类以夏候鸟和旅鸟占优势;南方处于亚热带和热带,种类以冬候鸟和留鸟占优势。很多水鸟都是在北方繁殖,到南方越冬。

正因为湿地水鸟与湿地的密切关系,人们在监测湿地环境的时候,往往将湿地水鸟种类与数量的变化,作为环境变化的重要指标。某地湿地水鸟种类与数量增加,说明该地生态环境趋好,某地湿地水鸟种类与数量减少,说明该地生态环境开始恶化。

▶▶ 小贴士:

《国际湿地公约》

1971年2月2日,由苏联、加拿大、澳大利亚等36个国家在伊朗小镇拉姆萨尔签署《关于特别是作为水禽栖息地的国际重要湿地公约》(简称《国际湿地公约》),把湿地定义为:"湿地是指天然或人工的、永久性或暂时性的沼泽地,泥炭地和水域,蓄有静止或流动、淡水或咸水水体,包括低潮时水深浅于6米的海水区"。

按照这个定义,湿地包括沼泽、泥炭地、湿草甸、湖泊、河流、滞蓄洪区、河口三角洲、滩涂、水库、池塘、水稻田以及低潮时水深浅于6米的海域地带等。签署《湿地公约》是为了通过国家行动和国际合作共同开展具有全球重要意义的迁徙水禽及其栖息地的保护。

公约在1982年进行了增补,湿地还包括临近湿地的河滨和海岸地区,包括岛屿或湿地范围内低潮超过6米的海域。这个补充把原定义的湿地的周边土地和湿地内水深超过6米的区域归为湿地范围,使湿地的内涵更加丰富，范围更为宽广。

我国1992年加入《国际湿地公约》。

广义的湿地和狭义的湿地

湿地定义可以分为广义和狭义两种类型。广义概念例如《国际湿地公约》中的定义，包括了陆地所有永久或间歇水体、沿海水深不超过6米的海域和湿地内水深超过6米的海域，以及后来的补充。狭义概念将湿地界定在陆地和水体之间的过渡区域，即有湿生或水生植物生长的区域，俗称沼泽地。

春江水暖鸭先知

《惠崇春江晚景》
——宋·苏轼

竹外桃花三两枝，春江水暖鸭先知。

蒌蒿满地芦芽短，正是河豚欲上时。

这是苏轼为僧人惠崇的画题诗的前两句。这首诗为人们描绘了一幅江南水乡初春的小景：一片竹林，三两枝桃花，清清的江水中，一群鸭子正在戏水，河岸上满是蒌蒿，芦芽刚刚破土。水里的河豚虽然看不到，但可以知道正是肥满之时，可以捕捞上市了。

诗中的"春江水暖鸭先知"后来成了千古名句，被广泛引用于表现春天的到来。春天初至，乍暖还寒，但水中的群鸭却已知水温升高，在江水中游玩嬉戏了。

▶▶ 小贴士：

苏轼，字子瞻，号东坡居士，北宋眉山人。是著名的文学家，唐宋散文八大家之一。他学识渊博，多才多艺，在书法、绘画、诗词、散文各方面都有很高造诣。

这首诗里写的虽然是家鸭的情景，不过家鸭是由野鸭驯化而来的。我们的祖先在驯养时，主要选择体型较大的绿头鸭和斑嘴鸭，经过长期的驯化和杂交，才形成了今天的各种类型的家鸭。

野生的绿头鸭

因此家鸭也保持了野鸭的某些习性和特征，如绿头鸭，除了体形和大小的差别外，野生的绿头鸭和长着绿头的家鸭几乎分辨不出来。

花脸鸭

野鸭是湿地鸟类的典型代表，是多种野生鸭类的通俗名称。世界上野鸭种类很多，中国有20多种，比较常见的有：绿头鸭、斑嘴鸭、绿翅鸭、赤膀鸭、罗纹鸭、琵嘴

101

鸭、针尾鸭、赤颈鸭等。不常见和珍稀的有：花脸鸭、白眉鸭等。

在野鸭中，有一类野鸭善于和喜欢潜水，因此人们将它们冠以潜鸭的名字，如：红头潜鸭、凤头潜鸭、青头潜鸭等。

野鸭喜欢结群活动和群栖。夏季以小群的形式，栖息于水生植物繁盛的淡水河流、湖泊和沼泽。食性广而杂，常以小鱼、小虾、甲壳类动物、昆虫以及植物的种子、茎、茎叶、藻类和谷物等为食。

野鸭为候鸟，能进行长途的迁徙飞行，最高的飞行速度能达到时速110千米，迁徙过程中常集结成数百以至千余只的大群。每年的秋天，数以万计的野鸭南迁越冬。在我国，野鸭越冬主要在长江流域各省或更南的地区，它们常集结成百余只的鸭群栖息。每年的春末，它们又北迁至我国东北、内蒙古、新疆以及俄罗斯等地繁殖，年复一年，年年如此。

野鸭的这种迁徙性，为我们欣赏它们提供了方便。

湖南岳阳的东洞庭湖保护区几乎有在中国的所有野鸭种类，而东洞庭湖的采桑湖是雁鸭类水鸟最集中的地方，在采桑湖认鸭子是观鸟人的一大乐趣。这里的湖面上常常有一群一群的野鸭布满湖面，它们既有同种野鸭形成的鸭群，也有不同种野鸭混在一起，还有个别珍稀种类的野鸭穿插之中。由于距离远、湖面上常有雾和鸭子在不断移动的原因，要把它们一一辨认出来并不是一件容易的事，这是一个考水平的活。"老鸟"们往往比新手们认出的鸭子种类多很多。

红头潜鸭

冬季采桑湖大堤上，经常可以看到一些观鸟爱好者架起单筒望远镜，观看远处湖面上的野鸭。他们一边观看，一边仔细辨认，每当有人发现一个珍稀的野鸭，都会欢呼雀跃，其他人也会凑到望远镜前观看，共同分享观鸟的乐趣。

采桑湖观鸟

"湿地之神"——丹顶鹤

鹤是鹤科鸟类的通称,是典型的湿地鸟。因其身材高大,身形美丽而优雅,深受人们喜爱。

全世界有15种鹤,而我国有9种,是世界上鹤类最多的国家。我国的9种鹤是,丹顶鹤、灰鹤、蓑羽鹤、白鹤、白枕鹤、白头鹤、黑颈鹤、赤颈鹤、沙丘鹤。其中最为著名的是丹顶鹤,数量最多分布最广的是灰鹤,个体最大的是黑颈鹤,最小的是蓑羽鹤,最少见的是沙丘鹤。这9种鹤全部是中国的国家重点保护野生动物。

鹤主要栖息在沼泽、浅滩、芦苇塘等湿地,以捕食小鱼虾、昆虫、蛙蚧、软体动物为主,也吃植物的根茎、种子、嫩芽。善于奔驰飞翔,喜欢结群生活。鹤睡眠时常单腿直立,扭颈回首将头放在背上,或将尖嘴插入羽内。

鹤在我国属迁徙鸟类。除黑颈鹤与赤颈鹤生活在青藏、云贵高原外,其余鹤类均生活在北方,每年十月下旬迁至长江流域一带越冬,第二年四月春

丹顶鹤

回大地再飞回北方。

　　鹤的巢多筑于沼泽地的草墩上或草丛中，产卵1～2枚，雌雄轮流孵化。30天后蛋中小鹤开始啄壳，双亲在旁静立守候达一昼夜。才出壳的雏鹤形如小鸭，觅食时紧随双亲左右。幼鹤长到一岁，为了养活新出世的雏鹤，双亲要忍痛将其赶走，让它自立。鹤都是白天活动夜间休息，群鹤栖息时有1～2只鹤专门负责放哨。

　　丹顶鹤是鹤类中的一种，因头顶有"红肉冠"而得名。它是东亚地区所特有的鸟种，因体态优雅、颜色分明，在中国文化中有崇高的地位，是长寿，吉祥、忠贞、和高雅的象征，人们常把它与神仙联系起来，又称为"仙鹤"。

　　丹顶鹤寿命可达50～60年，在鸟类中属长寿类型的。在我国传统绘画题材中的松鹤延年，便是将长青的松树与丹顶鹤画在一块，用来作为长寿的象征。其实丹顶鹤是生活在沼泽或浅水地带的一种大型涉禽，与生长在高山丘陵中的松树并不在一起，而且它的足也不适合抓紧树枝。

　　丹顶鹤性情高雅，形态美丽，素以喙、颈、腿"三长"著称，直立时可达一米多高，看起来仙风道骨，被称为"一品鸟"，地位仅次于凤凰。除此之外，鹤在中国的文化中占着很重要的地位，它跟仙道和人的精神品格有密切的关系。

丹顶鹤属于单配制鸟，若无特殊情况可维持一生。每年的繁殖期从3月开始，持续6个月，到9月结束。它们在浅水处或有水湿地上营巢，巢材多是芦苇等禾本科植物。丹顶鹤每年产一窝卵，产卵一般2～4枚。孵卵由雌雄鸟轮流进行，孵化期30～33天。雏鸟属早成鸟，2岁性成熟。入秋后，丹顶鹤带领已学会飞行的幼鸟，从东北繁殖地迁飞南方越冬。

丹顶鹤是国家一级保护动物，在国际自然保护联盟（IUCN）的红皮书中记载的物种是濒危物种，在濒危物种国际贸易公约（CITES）中列入附录一。目前，中国国家林业局已经把丹顶鹤作为唯一的国鸟候选鸟上报国务院。

从20世纪70年代开始，我国就展开了对丹顶鹤的专项研究，在丹顶鹤等鹤类的繁殖地黑龙江的扎龙，吉林的向海，和越冬区江苏省盐城等地建立了自然保护区，在江苏省盐城越冬的丹顶鹤最多一年达600多只，成为世界上现知数量最多的越冬栖息地。

自然保护区的建立，很好地保证了丹顶鹤的栖息和繁殖，也为爱鸟、喜鸟的人们提供了观赏这些被称为"仙鹤"鸟的机会。每年的春夏和秋冬，人们都会到黑龙江的扎龙和江苏省的盐城去亲睹它们的芳容，丹顶鹤也为当地的旅游经济的发展做出了贡献。

发生在江苏省盐城自然保护区的那个美丽的女大学生徐秀娟与丹顶鹤、大天鹅的凄美故事，至今广为流传。

1964年10月，徐秀娟出生于黑龙江省齐齐哈尔市一个满族渔民家庭，从小就受到良好的家庭教育。1981年8月，刚刚17岁的徐秀娟就跟随父亲徐铁林来到扎龙自然保护区养鹤，与丹顶鹤建立了深厚感情。她大学毕业后，受邀来到江苏盐城自然保护区，做丹顶鹤和其他野生鸟类保护工作。在一次寻找迷失的大天鹅时，不幸遇难。

徐秀娟是我国环境保护战线第一位因公殉职的烈士，她将23岁的青春年华，献给了一生热爱并为之呕心沥血的养鹤事业。

为了纪念这位年轻的护鹤天使，江苏盐城和齐齐哈尔市扎龙自然保护区分别修建了纪念馆、纪念碑，宣传徐秀娟的事迹，激发人们热爱大自然、保护野生动物，与自然和谐相处的热情。

徐秀娟短暂的一生，感动了许许多多爱护鸟儿和大自然的人们，以她的事迹创作的歌曲《一个真实的故事》仍在传唱，激励着人们热爱大自然、保护野生动物，与自然和谐相处。

▶▶ 小贴士：

《一个真实的故事》歌曲

（白）有一个女孩

她从小就爱养丹顶鹤

在她大学毕业以后

她仍回到她养鹤的地方

可是有一天

她为了救一只受伤的丹顶鹤

滑进了沼泽地里

就再也没有上来

歌词：

走过那条小河

你可曾听说

有一位女孩她曾经来过

走过这片芦苇坡

你可曾听说

有一位女孩

她留下一首歌

为何片片白云悄悄落泪

为何阵阵风儿轻声诉说

呜呜呜呜呜

喔噢噢噢噢

还有一群丹顶鹤轻轻地

轻轻地飞过

走过那条小河

你可曾听说

有一位女孩她曾经来过

走过这片芦苇坡

你可曾听说

有一位女孩

她再也没来过

只有片片白云悄悄落泪

只有阵阵风儿为她唱歌

呜呜呜呜呜

喔噢噢噢噢

还有一只丹顶鹤轻轻地

轻轻地飞过

只有阵阵风儿为她唱歌

呜呜呜呜呜

喔噢噢噢噢

还有一只丹顶鹤轻轻地

轻轻地飞过

呜呜呜呜呜

呜呜呜呜呜

呜呜呜呜呜

呜

呜

呜

呜

鸿雁传书

"鸿雁传书"是一个美丽的传说。公元前100年，汉武帝正想出兵打匈奴，匈奴派使者来求和了。汉武帝为了答复匈奴的善意表示，派中郎将苏武拿着旄节，带着副手张胜和随员常惠出使匈奴。匈奴的单于将他们扣留，并逼苏武投降，苏武视死不从。在受尽折磨后，苏武被送到北海（今贝加尔湖）边去放羊，单于还对苏武说："等公羊生了小羊，才放你回去。"公羊怎么会生小羊呢，这不过是说要长期监禁他罢了。

苏武在北海，旁边什么人都没有，唯一和他做伴的是那根代表朝廷的旄节。匈奴不给口粮，他就掘野鼠洞里的草根充饥。日子一久，旄节上的穗子全掉了。

一直到了公元前85年，匈奴的单于死了，匈奴发生内乱，分成了三个国家。新单于没有力量再跟汉朝打仗，又打发使者来求和。那时候，汉武帝已死去，他的儿子汉昭帝即位。

汉昭帝派使者到匈奴去，要单于放回苏武，匈奴谎说苏武已经死了。使者信以为真，就没有再提。

第二次，汉使者又到匈奴去，苏武的随从常惠还在匈奴。他买通匈奴人，私下和汉使者见面，把苏武在北海牧羊的情况告诉了使者。使者见了单于，严厉责备他说："匈奴既然存心同汉朝和好，不应该欺骗汉朝。我们皇上在御花园射下一只大雁，雁脚上拴着一条绸子，上面写着苏武还活着，你怎么说他死了呢？"

单于听了,吓了一大跳。他还以为真的是苏武的忠义感动了飞鸟,连大雁也替他送消息呢。他向使者道歉说:"苏武确实是活着,我们把他放回去就是了。"

苏武出使的时候,才40岁。在匈奴受了19年的折磨,胡须、头发全白了。回到长安的那天,长安的人民都出来迎接他。他们瞧见白胡须、白头发的苏武手里拿着光杆子的旌节,没有一个不受感动的,说他真是个有气节的大丈夫。

苏武历尽艰辛,留居匈奴19年持节不屈的爱国精神,受到后人的敬仰。而"鸿雁传书"也成为一个美丽的传说,人们用鸿雁比喻书信和传递书信的人。

从这个传说中我们知道,古人很早就对大雁的迁徙习性有所了解。古人所说的大雁是雁属鸟类的通称,包括鸿雁、灰雁、豆雁、斑头雁等。它们的共同特点是体形较大,嘴的基部较高,上嘴的边缘有强大的齿突,嘴甲强大,占了上嘴端的全部。颈部较粗短,翅膀长而尖,尾羽一般为16～18枚。体羽大多为褐色、灰色或白色。全世界的雁类共有9种,我国有7种。

大雁性喜结群,常成群活动,主要以各种草本植物的叶、芽、包括陆生植物和水生植物、芦苇、藻类等植物性食

鸿 雁

斑头雁

物为食，也吃少量甲壳类和软体动物等动物性食物，冬季也常到偏远的农田、麦地、豆地觅食农作物，觅食多在傍晚和夜间。

大雁栖息于开阔平原和平原草地上的湖泊、水塘、河流、沼泽及其附近地区，特别是平原上湖泊附近水生植物茂密的地方，有时亦出现在山地平原和河谷地区。冬季则多栖息在大的湖泊、水库、海滨、河口和海湾及其附近草地和农田，是湿地鸟类中数量最多的种群之一。

大雁是出色的空中旅行家。每当秋冬季节，它们就从老家西伯利亚一带，成群结队、浩浩荡荡地飞到我国的南方过冬。第二年春天，它们经过长途旅行，回到西伯利亚产蛋繁殖。大雁的飞行速度很快，每小时能飞 68～90 千米，几千千米的漫长旅途得飞上一两个月。

在迁徙时，雁群的队伍组织得十分严密，总是几十只、数百只，甚至上千只汇集在一起，互相紧接着列队而飞，古人称之为"雁阵"。"雁阵"由有经验的"头雁"带领，加速飞行时，队伍排成"人"字形，一旦减速，队伍又由"人"字形换成"一"字长蛇形，这是为了进行长途迁徙而采取的有效措施。当飞在前面的"头雁"的翅膀在空中划过时，翅膀尖上就会产生一股微弱的上升气流，排在它后面的就可以依次利用这股气流，从而节省了体力。但"头雁"因为没有这股微弱的上升气流可资利用，很容易疲劳，所以在长途迁徙的过程中，雁群需要经常地变换队形，更换"头雁"。

它们有时边飞边鸣，不断地发出"伊啊，伊啊"的叫声。大雁的这种叫声起到互相照顾、呼唤、起飞和停歇等信号作用。

大雁的迁徙大多在黄昏或夜晚进行，旅行的途中还要经常选择湖泊等较大的水域进行休息，寻觅鱼、虾和水草等食物。大雁的警惕性很高，行动极为谨慎小心，休息时群中常有几只有经验的老雁担任哨兵，防止天敌的侵袭。一旦发现危险，则一声高叫，雁群随即起飞。

大雁的每一次迁徙都要经过大约 1～2 个月的时间，途中历尽千辛万苦。

在世界上所有的 9 种雁中，小白额雁是体形最小，个体最轻的雁类。因全球种群数量非常稀少，被世界自然保护联盟（IUCN）在国际濒危物种红色名录中，将其受威胁等级定为"易危"。

小白额雁虽然数量少，但在每年的冬季，却有成群的小白额雁来到湖南岳阳的东洞庭湖湿地，引得观鸟爱好者争相前来观赏。

小白额雁

依水而生的鸡

在人们的印象中，野生的鸡都是生活在山地、丘陵以及森林里，在这些地方确实有许多野生的鸡，如雉鸡、红腹锦鸡、白马鸡等。但还有一类被称为鸡的却是生活在水的周边，它们就是在鸟类分类学中被列为秧鸡科中的鸟类。

秧鸡科鸟类是涉禽中种类最多，分布最广的一科，约有140种，分布遍及世界各地，包括一些偏僻的岛屿。其中我国有19种。如普通秧鸡、红胸田鸡、小田鸡、董鸡、黑水鸡、骨顶鸡、白胸苦恶鸟、红脚苦恶鸟等。

秧鸡科鸟类体型小至中型，身体短而侧扁，以利于在浓密的植物丛中穿行。"秧鸡"的名称得名于这种鸟类常在稻田里的秧丛中和谷茬上筑巢栖息。

秧鸡科鸟类属杂食性，吃各种昆虫及其幼虫、蜘蛛、蠕虫、软体动物、甲壳类动物、小鱼等。少数种类全以植物为食。细喙的种类在软土中或枯叶中探食，主要寻找无脊椎动物；粗喙的种类能扯下植物，吃种子、核果、嫩枝、叶等；瓣蹼鸡属能频繁潜水寻食。

秧鸡科中种类众多，习性也不尽相同，对栖息地的选择较广，有湿地、草

111

地、森林等生活型。在许多海岛上作为迷鸟分布并能生存下去，但生活在海岛上的种类多数都丧失飞行能力。在全北区的种类多具有迁徙性，它们从北方的繁殖地飞往南方越冬，有的越冬地在非洲、印度、南美等地。在热带的种类则为留鸟，有的也会进行扩散和局部迁移。

秧鸡科鸟类在非繁殖季节通常单个栖息，繁殖季节为季节性配对或家庭栖息，但在结群物种中为群居，在秋、冬季最为明显。

虽然我国秧鸡种类较多，但因为多生活在浓密田间和灌丛中，而且生性机警，行动隐蔽，不容易被人看到。不过，秧鸡种类中的黑水鸡却是一个例外，在我国南方的城市公园，郊区小池塘，水稻田中以及湖泊、水库，几乎处处都能看到它们的身影，而且生性大胆，不甚怕人，可以说是与人类最近距离接触的秧鸡。

黑水鸡通体黑褐色，红色的嘴基和鲜红色的额甲是它最明显的特征。喜欢在有树木或挺水植物遮蔽的水域环境栖息。

黑水鸡繁殖期是每年的4-7月。雌雄成对单独繁殖，有时亦成松散的小群集中在一个苇塘中繁殖。营巢于水边浅水处芦苇丛中或水草丛中，有时也在水边草丛中地上或水中小柳树上营巢，每窝产卵通常为6～10枚。

黑水鸡标准照

孵卵由雌雄亲鸟轮流承担，孵化期19～22天。刚孵出的雏鸟通体有黑色绒羽，嘴尖白色，其后一直到额甲为红色，孵出的当天即能下水游泳。

下面是一位观鸟者对黑水鸡繁殖期的观察记录：

……

＊＊＊＊年＊月＊＊日　＊＊学院学生宿舍后面的小池塘　晴

今天，在这个不到500平方米的小池塘里边，竟发现了三种鸟的巢穴，有普通翡翠鸟的，小䴙䴘的，还有黑水鸡的。黑水鸡的巢里，可以看到八枚带红褐色斑点的灰白色的卵。

……

＊＊＊＊年＊月＊＊日　＊＊学院学生宿舍后面的小池塘　晴

半个多月过去了，小䴙䴘的幼鸟已经孵出来了，黑水鸡的幼鸟也该孵出来了吧。果然如此，两只成年黑水鸡正带着一群幼小的黑水鸡在长满水草的池塘里寻找食物。成年黑水鸡不停地啄下水草的嫩芽，喂给身边的幼鸟。有一只成年黑水鸡好像是抓到了一只小虫，赶紧送到幼鸟的嘴里。那一群幼小的黑水鸡围在两只成年黑水鸡身边游来窜去，其乐融融，好玩极了。仔细数了数，一共七只幼鸟。再去看已经快坍塌的黑水鸡巢，里面果然有一只没有孵出幼鸟的卵。

……

＊＊＊＊年＊月＊＊日　＊＊学院学生宿舍后面的小池塘　晴

今天好像有点不对劲，一只小黑水鸡游到成年黑水鸡身边讨要食物，成年黑水鸡却拒绝给它喂食。不但如此，当小黑水鸡再次前来时，成年黑水鸡使劲用喙啄小黑水鸡。本能驱使小黑水鸡不断向成年黑水鸡靠近，却遭到成年黑水鸡的无情驱赶，终于，它不动了，耷拉下了头，死了。仔细观察，死去的这只似乎比其他的要小一点。

……

＊＊＊＊年＊月＊＊日

查资料，找到了成年黑水鸡无情驱赶小黑水鸡的原因。黑水鸡对栖息地环境和食物情况十分敏感，在繁殖期如果感到栖息地环境改变或食物情况匮乏时，它们会主动放弃对一些幼鸟的喂养，实行优胜劣汰，被淘汰的是那些相对弱小一些的幼鸟。

......

****年*月**日　　**学院学生宿舍后面的小池塘　晴

小黑水鸡终于长大了，不过，长成亚成鸟的只有四只。在死了的三只中至少有一只是死于它的亲生父母，其他两只的死亡原因不清楚。

......

我国秧鸡科鸟类主要栖息地是沼泽，是重要的湿地鸟类。湿地环境的改变直接导致湿地鸟类栖息地的变化，带来的后果一定是鸟类的行为和生存的改变。

黑水鸡一家

三、鸟类的奇闻轶事

生存的艺术

鸟与其他动物最大的不同，就是绝大多数鸟都能够飞翔，正是这个飞翔的本领，让鸟能够迅速躲避天敌，方便寻找合适的环境，迁徙到适合自己生存的地方，从而使鸟在大自然中不断的繁衍。

不过，无论鸟儿飞得多高、多远，它总有落到地面的时候，何况有的鸟儿因为自然进化的原因，它们的飞翔本领并不太强，因此，除了飞翔，鸟儿还需要有其他的生存之道。

伪装，是许多鸟儿天生的本领。在千百万年的进化过程中，一些主要生活在山林中的鸟类，会借助森林的颜色伪装自己。特别是一些主要在地面取食和繁殖的鸟儿，飞翔能力一般不强，身上的保护色就成了它们主要武器。

雉鸡（俗称野鸡）是一种在我国广泛分布的鸟类，它们生活在不同高度的开阔林地、灌木丛、半荒漠及农耕地，以各种植物的果实、种子、植物叶、芽、草籽和部分昆虫为食。多数时间在地面活动。特别是繁殖时期，它们的巢筑在草丛中，极易受到天敌的伤害，因此，雉鸡披着一身与草丛十分相似的色彩，特别是雌的雉鸡，当它藏在草丛中的时候，即使你走在它的身边也往往发现不了。

不光生活在地面的鸟儿需要保护色，有些生活在树上的鸟儿也需要色彩的保护。普通夜鹰常在夜间活动，在空中捕食昆虫。而白天大都蹲伏在山坡的草地或树枝上睡觉，这时最容易受到天敌的侵袭。好在它长了一身伪装特别好的羽毛，羽色酷似树皮，再加上它栖息时，身体主轴与树枝平行，伏贴在树上，在树枝上很难被发现，因此民间有"贴树皮"之称。

利用身上的保护色进行伪装是鸟儿的基本方式，有的鸟儿不但会利用身上的保护色，还会采取与环境配合的方式来进行伪装，大麻鳽就是一个典型的代表。

普通夜鹰

大麻鳽是一种体型较大的涉禽，身长70~80厘米，身上有很好的保护色。嘴长而尖直，雌雄同色。体形呈纺锤形。当它受到惊吓时，立即在草丛、芦苇或荷叶丛中站立不动，头、颈向上垂直伸直、嘴尖朝向天空，和四周枯草、芦苇和荷叶融为一体。同时，它还会随风摆动身体，就像四周的枯叶随风摇晃一样。

不过有时它正在河堤上看到有人来，也会本能的马上站立不动，头、颈伸直朝向天空，随风摆动身体。因为这时四周并无枯草、芦苇和荷叶，它孤零零地站在那里摆着样子，就显得十分可笑了。

如果说身上羽毛的保护色是鸟儿色彩的伪装，那

大麻鳽

么大麻鳽的随风摆动身体就是一种行为的伪装,它们的目的都是为了保护自己,是生存的需要。为了这个目的,有的鸟儿能主动的引诱天敌,将危险转移,达到保护自己和后代的目的。

金眶鸻是一种小型涉禽,身长约16厘米,上体沙褐色,有很好的保护色。常栖息于湖泊沿岸、河滩或水稻田边,以昆虫为主食,兼食植物种子、蠕虫等。

繁殖期是金眶鸻最危险的时期,它将巢建于河流、湖泊岸边或河心小岛及沙洲上,也在海滨沙石地上或水稻田间地上营巢。巢十分简陋,通常由亲鸟在沙地上刨一个圆形凹坑即成,或利用自然凹坑做窝。

为了躲避天敌,金眶鸻所产卵为沙黄色或鸭蛋绿色、有褐色斑点,与四周环境十分相近。而雏鸟属早成性,出壳后不久即能行走,身上带褐色斑点的羽色也与四周环境十分接近。当雏鸟趴在地上一动不动的时候,人们很难将它与四周的色彩区别开来。

更为奇特的是,当有人或动物接近金眶鸻的巢穴和小宝宝时,它会一边鸣叫,一边扑倒在地,踉踉跄跄的行走,做出受了伤的样子,引诱人或动物去捕捉它,慢慢地将人或动物带到远离自己巢穴和小宝宝的地方。

假装受伤的金眶鸻

一妻多夫的水雉

水雉，有的地方俗称为水鸡，是主要生活在我国南方的一种十分漂亮的水鸟。在我国的云南、四川、广西、海南、香港、台湾以及长江流域和东南沿海省区都有分布，有时也会向北扩展到山西、河南、河北等省。

水雉在水鸟中属较大体型，每到夏季繁殖期，其羽毛长得特别漂亮，这也是绝大多数鸟类在繁殖期的特点。

这时的水雉，上体灰褐色，头及颈前白色，枕部具黑斑向颈侧延伸成一条黑线，两翼近白色，翼尖却是黑色，显得黑白分明，细而长的黑色尾巴时时在风中飘动。最引人注目的是它从头顶至后颈那黄色的羽毛，似披着一条金黄色的头巾，在阳光的照射下，不时闪动着金色的光泽，非常醒目。

江南夏日的池塘，荷花在强烈的阳光下显得格外鲜艳，荷叶茂盛处却是一片墨绿。在那一片略带幽暗的绿色中时常可见漂亮的水雉。它们单独或成小群活动，步履轻盈，在浮游植物如芡实、菱角及荷花的叶片上挑挑拣拣地找食，间或短距离跃飞到新的取食点。它们时而张开双翅翩翩起舞，时而悠闲地梳理身上的羽衣，显得那样优雅、高贵，因此有着"凌波仙子"之称。

水雉的婚配制度为一妻多夫制，这与其他大多数雉鸻科鸟类是一样的，但在整个鸟类中，这却是十分稀少的一种婚配制度。鸟类学家对鸟类婚配关系的研究发现，在现存鸟类中，有92％的种类为单配制，6％的种类为混交制，2％的种类为一雄多雌制，而属于一雌多雄制的仅有0.4％。因此水雉是研究鸟类社会制度演化的理想对象。

水雉每年的四月末进入繁殖季节，这时它们会换上黑白相间十分醒目的繁殖羽。在繁殖初期，

水　雉

雌水雉为获得更多配偶，雄水雉为获得交配权而展开求偶炫耀。水雉的求偶炫耀包括发出一种类似猫叫的"喵喵"的鸣叫声和优美的舞蹈，以及象征性筑巢之类的特殊行为。

水雉的巢通常建造在芡实、莲叶、百合叶、水仙花叶以及大型浮草上。巢较小而薄，呈盘状，主要由干草叶和草茎构成。当一对水雉成功配对以后，雌水雉便会很快产卵，每窝产卵4枚，卵为梨形，颜色变化较大，有绿褐色、黄铜色、橄榄褐色到深紫栗色、极富光泽，卵长约33～40毫米。

孵卵和哺育的工作，从此便由水雉爸爸来承担，而雄水雉确实是称职的父亲，在20多天的孵化期里，它除了觅食和躲避危险，几乎从不离巢。

水雉雏鸟为早成鸟，出生后半小时左右即可行走和进食。雄鸟则带着雏鸟觅食并在雏鸟的周围守护，当危险临近时会发出急促的警戒声，有时甚至会故意吸引入侵者的

水雉的巢通常建造在大型浮草上

雄鸟则带着雏鸟觅食

气温较低和恶劣天气时，雄鸟将雏鸟藏于翼下

注意,将入侵者引开,而雏鸟则乘机躲藏在芡实和其他水草叶中。

当气温较低和恶劣天气如暴雨大风天气时,雄鸟会将雏鸟藏于翼下取暖和保护,对雏鸟呵护有加。

当雄水雉辛苦的孵卵和哺育时,雌鸟正在另结新欢。当她找到中意雄鸟后,又会重复前一次的做法,将卵生出来后,把孵卵和哺育的工作交给雄鸟,自己再去寻找新的伴侣。

在一个繁殖季节雌鸟有时可产卵10窝以上,分别由不同的雄鸟孵化,水雉正是用这种方式,保持自己种群的繁衍。

雌鸟另结新欢

只生不养的大杜鹃

在动物界,有一种十分奇特的繁殖行为,科学家把它叫作巢寄生。所谓巢寄生就是,动物生活在其他种类动物的巢中并得到巢主人的保护和喂养,直到完成整个发育的现象。如一些隐翅虫生活在蚂蚁巢中靠工蚁喂养等。

鸟类也有巢寄生现象。据科学家们研究,在全球近万种鸟类中,有大约5个科,80多种鸟有典型的巢寄生行为,数量占全世界鸟类总数的不到1%。如杜鹃科中的大杜鹃是典型的巢寄生鸟;文鸟科中非洲的维达雀亚科全是巢寄生者;拟鹂科中的南美洲分布的拟鹂科鸟多是巢寄生者;鸭科中的黑头鸭是这一科中唯一的巢寄生者;响蜜䴕科中的鸟主要生活在非洲撒哈拉沙漠以南的地区及亚洲的热带雨林中,全部为巢寄生鸟。

大杜鹃是人们熟知的巢寄生者,据统计,它能把卵寄生在125种其他鸟的巢中。它自己不会做窝,也不孵卵,平均每年产蛋2～10个,都把蛋产在其他鸟的巢里。它每到一个巢,只产一枚卵,让这些鸟儿替自己孵化和哺育。

为了方便表达巢寄生与被寄生的关系,科学工作者将巢寄生者称作寄主,被寄生者称作宿主。

大杜鹃

大杜鹃和东方大苇莺就是常见的寄主与宿主。

寄主多是在宿主开始孵卵前产卵。大杜鹃在寄生时会先将宿主的一枚卵叼出,接着迅速产下自己的一枚卵后离开,它产卵的时间往往十分短暂,仅需几秒的时间。由于时间很短,卵的数量没有变化,再加上大杜鹃的卵和东方大苇莺的卵在大小、颜色、卵斑等特征上都十分相似,东方大苇莺根本发现不了。

寄主的雏鸟通常较宿主的雏鸟出壳早,一些巢寄生的雏鸟破壳后便本能地将宿主的卵和先出生的雏鸟拱出巢外。

大杜鹃雏鸟除掉了其他的卵和雏鸟,现在它成了这个巢中唯一的孩子。东方大苇莺不明就里的不辞辛劳的喂养着它。只是不知道东方大苇莺会不会觉得这个孩子与自己太不相像了。

在东方大苇莺精心照料下,大杜鹃雏鸟生长发育迅速,终于有一天,羽翼丰满的杜鹃雏鸟不辞而别。

近年来,由于观鸟爱好者的增多,许多新的巢寄生现象被发现。有的观鸟爱好者观察到杜鹃寄生灰喜鹊,鹰鹃寄生黑脸噪鹛等。还有的观鸟爱好者观察到刚刚独立生活的杜鹃雏鸟身旁常有杜鹃成鸟,因此有人认为,这是杜鹃雏鸟的亲生母亲回来找它的孩子了。如果是这样,关于巢寄生就有了更多的延续。当然,这种说法目前没有确切的证明,还有待人们进一步研究与发现。

121

鹰鹃寄生黑脸噪鹛

关于动物中的巢寄生现象还有许多不解之谜，如巢寄生是如何起源的？为什么只有这几科的鸟类有巢寄生现象？不过可以知道的是，巢寄生是这些鸟类在自然的选择中逐渐进化出的一种生存能力，正是靠着这种能力，它们才能繁衍至今。

鸟中建筑大师——织巢鸟

相信人们都知道有鸟就有鸟巢的道理，但并不是每一个人都知道，除了繁殖季节，绝大多数鸟类并没有巢，平时夜晚鸟并不住在巢里。因此，可以说，鸟巢是专为繁殖后代而建。

如同人类一样，不同地方，不同种类的鸟所筑的巢也不相同。我们最常见的喜鹊喜欢把巢筑在人们居住地附近的大树上或高高的电线塔架上。由于喜鹊是多年性配偶，因此它们的巢也是多年使用，每年将旧巢添加新枝进行修补，就像人类重新装修一样。喜鹊是雌雄共同筑巢，精心构建，外部用枯枝编成,巢呈球状,有屋顶。内壁填以厚层泥土,再铺上树叶、棉絮、兽毛、羽毛等柔软的材料,一个舒适的家就建好了。有的喜鹊巢经过多年营造,体积巨大,十分坚固,在高高的树上十分显眼。

而另外一种我们熟悉的鸟儿——珠颈斑鸠,巢却建得十分简单,用几根枯树枝横搭在树上,再铺一点软的材料就算建成了。如果你看到珠颈斑鸠的巢,你都会怀疑,鸟蛋会不会从巢中掉落下来。尽管如此,简陋的巢并不影响珠颈斑鸠的繁殖,只是在下雨天,斑鸠爸爸和斑鸠妈妈只好用身体抵挡风雨,保护巢中的后代。

除了在树上筑巢以外,还有许多鸟是将巢建在地上和洞穴中。如漂亮的蓝喉蜂虎,它们会选择沙质土壤的河岸边筑巢。它们在岸边的斜坡上打出一个一米多深的洞穴,洞穴的入口处和通道十分狭小,里面却很宽敞。由于在地下,能很好地保持恒温,对卵的孵化十分有利,聪明的蓝喉蜂虎就是这样利用了大自然的特性,为自己繁殖后代创造了条件。

在鸟中能称为建筑大师的,恐怕非织巢鸟莫属了,织巢鸟的名字正是来自它高超的筑巢本领。

织巢鸟是一类会使用草和其他材料编织巢穴的鸟的总称,这类鸟大约有145种,主要生活在非洲、澳大利亚和南亚,我国和云南有少量的分布。

非洲织巢鸟

一起筑巢,一起觅食。在中非和南非,人们常常可以看到成群的织巢鸟在一棵树上织巢,这些巢从树枝上倒挂下来,巢与巢之间有不同的隔间,有的巢分为几层,每层住着不同的家庭。

繁殖季节,当雄织巢鸟找到自己配偶以后,于是赶紧建造一个新房,准备迎娶新娘。建造新房的工作全部由雄鸟担任。它会选择韧性好的树枝作为基础，这样巢才不会被大风吹落。进出的门口要向下，雨才不会淋进去，这些都是基本的技术规范。然后，它每天衔来长长的草条，开始在树梢上编织它的巢。它先用草在树枝打一个结实的结，让巢有个稳固的基础，在这个基础上开始它的编织，说是编织，是因为它能用喙把草条穿过小孔，再从另一端把草条拽出来，拉紧，它还可以把多余的草条截断。巢织好以后，织巢鸟还会再找一些小石块放在窝里增加重量，防止巢被风吹翻，真是考虑得既仔细，又周到。

　　筑巢的过程中，雌鸟会经常来查看查看。当美丽的小屋筑好了，雄鸟便静候着雌鸟的来临。如果雌鸟做最后的检查时感到不满意，它便不愿意进去，痴情的雄鸟只好打翻鸟巢，寻找新的地点，再重新筑一个……

多层的织巢鸟巢

四、为鸟走四方

洞庭湖——冬候鸟越冬的天堂

2002年，一批国内观鸟爱好者和洞庭湖保护区共同发起了洞庭湖冬季观鸟活动，在政府部门的大力支持下，在社会各界广泛关注和国际环保组织的赞助下，中国岳阳首届洞庭湖观鸟大赛于当年12月成功举办，这标志着观鸟活动在中国大陆的普及开始了一个全新的阶段。

从此，洞庭湖观鸟大赛成为一个推动中国观鸟活动的重要阵地，成为中国大陆观鸟活动的一个品牌。至今，此项赛事已举办了7届，取得了丰硕的成果，"冬季到洞庭湖来观鸟"，也成为湖南省生态旅游的一个响亮的口号。

东洞庭湖

正因为如此，洞庭湖是我们观鸟来的次数最多的地方。在这里，我们加深了对观鸟的认识，学习了许多观鸟的知识，结识了许多志同道合的朋友，也向许多刚参加观鸟的新人交流了我们的体会。当然，更重要的是，我们在这里看到了许多美丽、珍稀的冬候鸟，特别是对雁、鸭类的了解与辨认基本上是在这里完成的。

洞庭湖位于长江中游，是我国著名的五大淡水湖之一。浩浩荡荡的洞庭湖，北纳长江，水天一色，横无际涯，自古就有"八百里洞庭"之说。东洞庭湖是洞庭湖的主体湖，是洞庭湖本底资源湖，是洞庭湖众多湖泊中面积最宽广、保存最完整的聚水湖盆。

东洞庭湖保护区地处岳阳市内，北起长江湘鄂两省主航道分界线，南至磊石山，东沿京广铁路，西与南县交界，总面积19万公顷，其中核心区2.9万公顷。是生物多样性十分丰富的国际重要湿地，是数以万计鸟类理想的越冬地和停歇地。

每年10月冬候鸟开始从北方逐渐飞来，来年的3月，候鸟集结，陆续北迁，一直延续到5月。这个时候常常能看到五六千只的庞大雁阵，遮天蔽日。因此，每年的10月份到第二年的5月，是到东洞庭湖观鸟的理想时间。

东洞庭湖保护区主要鸟类有：鸿雁、白额雁、灰雁、小白额雁、赤麻鸭、白鹤、苍鹭、白鹳、天鹅、白琵鹭、绿翅鸭、绿头鸭、青脚鹬、红嘴鸥等，数量极多。现有越冬水禽1000万只以上，夏季繁殖鹭类20万只以上。其中濒危鸟的种类也比较多，而且有一定的数量。属国家一级保护7种，主要有白鹤、白头鹤、白鹳、黑鹳、中华秋沙鸭、大鸨等，属国家二级保护有23种，列入我国参与国际保护协定指定保护的鸟类30多种。

洞庭湖边的君山，是我们每次必去的地方。

君山，位于岳阳市西，古称洞庭山、湘山、有缘山，是八百里洞庭湖中的一个小岛，与千古名楼岳阳楼遥遥相对，冬季水退时与陆地相连，总面积0.96平方千米，由大小七十二座山峰组成，被"道书"列为天下第十一福地，现为国家级重点风景名胜区，国家AAAA级旅游区，"斑竹一枝千滴泪"的娥英和"柳毅传书"的故事都发生在这里。

君山岛上树林茂盛,植被厚密,茶园成片,生态环境十分好,冬季有许多林鸟在此越冬栖息。叫声沙哑的松鸦,身披天蓝色羽衣的普通翠鸟是当地原住民,虎斑地鸫、灰背鸫、斑鸫是专门来此越冬的暂住者,而色彩艳丽的红胁蓝尾鸲和北红尾鸲则是从高海拔地方到这里躲避风寒。有一年,在洞庭湖国际观鸟比赛时,曾在这里记录到十分稀少的蓝额红尾鸲,于是它被评为当届大赛"至尊"鸟种。

从君山下来向西有一条大堤一直通往采桑湖管理站。这条堤很长,沿着堤一路走一路观鸟,你会有很多的收获,雉鸡不时从堤旁的草地里惊起;大斑啄木鸟和灰头绿啄木鸟在堤岸的林子里啄得树木咚咚作响;斑鱼狗和冠鱼狗从空中悬停状态突然俯冲下来,从水里叼起一条鱼飞快地离去……

在这里,我们最感兴趣的还是观鹤。远处的草滩上,体态高贵,步行规矩的白头鹤、白枕鹤和灰鹤,时而低头啄食草根,时而拍动翅膀在草地上翩翩起舞……动作优雅而大气,真个仪态万方。

我们往往在这里一待就是一个多小时。看着这些被人们称为仙鹤的生灵,你会有一种心宁气静的感觉。

东洞庭湖国家级自然保护区在采桑湖设有管理站。采桑湖的反嘴鹬是很受观鸟人喜爱的鸟种。反嘴鹬高挑的身材,长长的腿,黑白分明的羽毛和反翘的嘴十分有形,也是许多鸟类摄影爱好者追逐的对象。这里的反嘴鹬种群数特别大,常可见几千只集聚在一起。有时几千只反嘴鹬一齐起飞,空中顿时出现一幅由黑白两色组成的移动画卷,时而左右移动,时而上下翻滚,非常的美丽与壮观。

在大堤上架起单筒望远镜,就可以看到大群在湖边草地上休息的雁群。这里有豆雁、灰雁、小白额雁、白额雁、鸿雁五种雁,虽说知道有这五种雁,但因为距离远,湖面常有雾和数量多的关系,要把五种雁分别"挑"出来,并且数清楚,并不是一件很容易的事。

群飞的反嘴鹬

董寨——观鸟人心中的圣地

相信许多鸟人真正意义上的观鸟是从河南的董寨开始的,我们亦如此。

大约10多年前,北京的鸟友来到这里,他们惊奇地发现,这个地处我国南北气候分界线上的地方,其地理位置独特、地形地貌多样、气候温和湿润,仍保持着良好的森林生态系统,特别是鸟类资源非常丰富。

当时,观鸟活动在中国刚刚起步,作为观鸟活动的积极倡导者,太需要有这样一个地方开展活动了。于是他们经常来此观鸟,并向鸟友们介绍当地的鸟类资源情况。后来又多次在这里组织观鸟和摄鸟等活动。一时间,各地鸟人纷至沓来,使这个名不见经传的林场,迅速变成了一个全国乃至世界闻名的观鸟点和观鸟人心中的圣地。

董寨国家级自然保护区位于河南省罗山县最南端,豫鄂两省交界的大别山西段北麓。区内呈西、南部较高,东、北部较低的地势,从南向北由中低山逐渐变为低山丘陵地区。区内东、南、西、北四个方向分别有大鸡笼、王坟顶、鸡公山和灵山四个较高山峰,其中南边的王坟顶为最高峰,海拔840米。

1982年建立自然保护区，2001年晋升为国家级自然保护区，总面积4.68万公顷。

董寨国家级自然保护区内有针叶林马尾松、黄山松、杉木和柳杉沿山势大面积分布，常绿阔叶林青冈栎、青栲等树种和落叶阔叶林栓皮栎林、枫香林等树种多沿沟底分布。区内还有竹林、灌丛、山地草甸、农耕地、村庄和山溪河流以及众多的堰塘水库。

保护区内现分布有植物1879种，兽类37种，两栖爬行类44种，鸟类237种。因此，被列入《中国生物多样性保护行动计划》中北亚热带地区优先保护的生态系统区域，又列入世界自然基金会（WWF）优先保护区及国家和全球有重大意义的区域。

董寨国家级自然保护区是国家二级保护鸟类珍禽白冠长尾雉的重要栖息地。白冠长尾雉在我国《国家重点保护野生动物名录》中被列为Ⅱ级保护动物；在《中国濒危动物红皮书·鸟类》中被列为濒危种。从前我国数量较多，现在许多地区已经绝灭，其他地区也非常稀少。董寨的种群数量大约有600多只，是白冠长尾雉数量最多的地区之一。许多观

董寨生态环境

白冠长尾雉（李全民 摄）

鸟者把白冠长尾雉作为到董寨观鸟的目标鸟种。

董寨国家级自然保护区内其中国家重点保护鸟类39种，列入中日候鸟保护协定名录的有95种。珍稀、濒危鸟类有白鹳、金雕、大鸨等国家 I 级保护动物和国家 II 级保护动物赤颈䴙䴘、白冠长尾雉、仙八色鸫、蓝喉蜂虎等。常见或易见的鸟类还有岩鸽、四声杜鹃、灰头绿啄木鸟、黑枕黄鹂、虎纹伯劳、红嘴蓝鹊、三道眉草鹀等。

每年的3-7月是董寨国家级自然保护区观看山地林鸟的最佳季节，许多夏候鸟来此地繁殖，比较容易见到。在董寨观鸟，一天一般能看到六七十种鸟类，最多能看到八九十种。董寨保护区每年接待全国各地的观鸟人士达数百人次。

在董寨国家级自然保护区，只要你留心，身边就常有惊喜的事情发生。发冠卷尾静静地趴在路边树上的窝里，只露出头上两根细细的毛发；白冠燕尾在路旁的小溪边，嘴里叼着小虫，它的巢可能就在附近，巢里一定有嗷嗷待哺的小家伙。

记得有一次我们一行鸟友在董寨待了两天准备离开，正在王大湾附近的公路旁等车时，有人扫了一眼远处的电线，发现有几只鸟儿站在上面。有敏感的鸟人立即架上单筒望远镜对过去。

"蜂虎，蜂虎，蓝喉蜂虎，我的新记录！"观察的鸟友兴奋地大叫起来。

大家蜂拥下车，纷纷拿出自己的望远镜。对于这一行人来讲，蓝喉蜂虎是他们中间许多人的新记录。

董寨观鸟便是这样，不知道什么时候会给你带来意外的惊喜！

董寨的明星鸟——仙八色鸫（原魏 摄）

湖北三阳　观鸟天堂

在多年的观鸟活动中,我们去的最多的地方,要算湖北省京山县的三阳镇了。在这里我们除了观鸟,也做观鸟推广活动。

十多年前,在深圳做企业的詹从旭回家乡探亲时,当他看到家乡飞速发展的经济与日渐变坏的环境形成巨大反差时十分震动。作为一个曾参加过藏羚羊保护的环保主义者,他深知没有一个好的生态环境,家乡的发展将是不可持续的。由此,他决定除了为家乡提供一些经济上的帮助外,还应该在家乡的环境保护上面做点事情。

作为深圳观鸟会的成员,他知道观鸟对人们环境意识潜移默化的作用。于是选择了把推广观鸟活动作为生态环境教育的切入点。为此,他广泛联系观鸟爱好者做志愿者,参加这项被称为"寸草心"的活动。我们就是从那时起,时常往返于武汉和三阳之间,在观赏美丽鸟儿的同时,也这将这项活动介绍给三阳的孩子和更多的人。

京山县是湖北省中部的一个县,地处大洪山南麓,江汉平原北端。是一个典型的丘陵至平原的过渡地带。低山和丘陵多为森林覆盖,山清水秀,景色宜人。主要河流有漳水、大富水、京山河、永隆河,自西北流向东南出境。京山属北亚热带季风气候区,四季分明,春暖夏热,秋凉冬寒;光照充足,热量丰富,雨量充沛。这样的自然环境,十分适合鸟类栖息与繁殖,除了本地留鸟之外,每年夏季来此繁殖的鸟类也很多。而三阳镇位于京山县的北部,靠近大洪山,鸟类资源尤为丰富。

斑头鸺鹠——俗称猫头鹰的一种

北京麋鹿生态实验中心副主任,著名科普作家郭耕先生,参加过三阳的一次观鸟活动后,写下了"湖北三阳,观鸟天堂"的美文。他在文章的开头写道:

"也许是中国太大了,也许是我孤陋寡闻,这是一个我从未听说过的地方,这是中国腹地一处极其普通的村镇——湖北省京山县三阳镇。但是,在其乡间穿行,阡陌尽头,柳暗花明,令我目不暇接、左右逢源的,是百转千回、众禽竞鸣的燕语莺声,简直是没有笼子的鸟语林。听说,这里的百姓历来就有不打鸟的风俗,令人钦佩,而更令人钦佩的是,那人鸟相近的情景,尤其是本地少年"见鸟识名"的本领,回到北京,我还沉浸在那难以忘怀的、奇异的所见所闻中。"

在文章结尾处他又写道:

"十年来,我为观鸟,走过不少地方,但是,能在这样一个如此名不见经传的小村镇、在不到半天的时间里,观察到这么多种鸟、更见识了这些来自三阳小学的乡村小童高超鸟技,不得不由衷地感叹,湖北三阳,观鸟天堂!"

正如郭耕先生所描述的,在三阳观鸟,既享受大自然的美妙,也享受纯朴民风的熏陶。在我们观鸟去过的地方,三阳镇鸟类密度是比较大的。在路上和小道上行走,不多远就会看到鸟儿活动的身影。记得有一年观鸟比赛,一支队伍在一天半的比赛中记录了100多种鸟,这在我国中部地区并不多见。

三阳镇观鸟,主要有这样几条路线和观鸟点。

卓板河观鸟线路。卓板河是贴着三阳镇边流过的一条小河,河的不同地段,有不同的名字。靠近镇边的这一段叫卓板河,下游的有谢家河、上游的有肖家河等。小河的两岸、边长着茂密的枫杨、柳树和灌丛。这样的生境,非常适合寿带鸟的栖息繁殖。沿着河边行走,时常可以见到红、白两色的寿带鸟从河面飘逸地飞过,拖着两条长长的尾羽如同林中仙子般美丽。

寿带鸟还是一种十分爱干净的鸟儿,如果你运气好,还会见到它飞入水中淋浴的景象,只见它不断扑入清澈的水中,拍打着翅膀,然后飞回附近的树枝,慢慢地梳理羽毛。那种时候,你会不会有一种董永偷看七仙女洗澡的感觉?

爱干净的寿带鸟

　　白鹭坡是湖北省野生动植物保护协会确定的湖北省第一个观鸟基地。早年,当地准备大力发展板栗产业,打算将白鹭坡上的松树全部砍掉改种板栗树。这件事遭到许多人反对,特别是三阳小学的老师和学生。后来,当地放弃了砍树的计划,保留了这片夏候鸟的繁殖地。湖北省野生动植物保护协会因势利导,确定京山县三阳镇白鹭坡为"湖北省观鸟基地"。

　　白鹭坡,听其名就知道这里最多的是各种鹭鸟,白鹭、中白鹭、牛背鹭、池鹭、夜鹭等。每年的5-9月,各种鹭类集聚这里,多时达到上万只。它们在此繁殖,哺育后代。除了鹭类,我们在这里还曾看到仙八色鸫、寿带、白眉姬翁、蓝翡翠、白胸苦恶鸟等。

　　冬季的高关水库可以看到中华秋沙鸭。中华秋沙鸭是国家一级保护动物,有鸟中大熊猫之称。它们冬季从遥远的北方飞来,在温暖的南方越冬。它们分布在山区各个清澈湍急的溪流中觅食,休息时便在水库里集聚。

　　三阳镇还有响塘湾、太阳岛、三王城等观鸟点,不同的季节会有不同的鸟类出现。如太阳岛灌丛和果树较多,可以看到领雀嘴、黄臀鹎和小鸦鹃等;三王城树林高大,则有黑枕黄鹂、黑卷尾、灰卷尾和发冠卷尾筑巢;而响塘湾以牛背鹭和白鹭居多……

在三阳观鸟是一种享受，有时更像一种乡野间的休闲旅游。穿行在田间小路和树林中，聆听着鸟儿悦耳的鸣声，观赏鸟儿色彩炫丽的羽毛和优雅的姿态，似乎触摸到了大自然的脉搏；路过村民家舍，会受到热情邀请，坐下来喝一杯清茶，品尝刚从树上摘下来的果子；如果你遇上一群上学的孩童，还可以和他们的交流观鸟的体会和心得，交谈之中，你会被他们对鸟的熟悉和热爱所折服。

如今，三阳镇的观鸟活动已推广到了京山全县。县教育部门将观鸟作为学校思想道德教育的内容之一，编写了校本教材，列入教学计划；一些企业将观鸟作为自己企业文化的一部分，成立观鸟组织，开展观鸟活动；县政府也将观鸟活动作为本县生态文明建设的重要内容之一，以此为契机打造绿色京山。一个更大范围的观鸟活动正在京山兴起。

2013年，京山县被中国野生动物保护协会授予"中国观鸟之乡"称号，成为全国首个获得此称号的县。

中国观鸟之乡

北戴河——亚洲最好的观鸟湿地

北戴河位于河北省秦皇岛市的南边,地处辽西走廊西部的渤海湾畔,这里有大片的山地和湿地,森林绿化覆盖率很高。独特的地理位置和良好的生态环境使它不仅仅成为许多留鸟和夏候鸟的乐园,而且也因此成为众多旅鸟迁徙的理想通道和歇脚站,是东北亚重要的候鸟迁徙的迁徙路线。每年春秋两季数以万计的飞鸟经过这里,其中包括大量珍稀和濒危物种。北戴河以丰富的鸟种和绝佳的自然生态环境吸引了中国乃至世界观鸟爱好者的目光。为世界著名的观鸟地。

北戴河鸽子窝前海滩是观鸟的好地方

北戴河的鸟类资源极为丰富,据有关资料所载,我国能见到的鸟类共1186种,而北戴河就有20个目61个科的405种。其中属国家重点保护动物的68种,不少还是世界著名的珍禽,如白鹤、黑鹤、丹顶鹤、大鸨等。而在近年被发现并记录下来的已超过416种。

北戴河观鸟地的发现,还要得益于国际社会的关注。早在21世纪初,就有美国、德国等鸟类学者前来考察鸟类资源并写有专著。近年来,英国、美国、日本、丹麦、比利时、澳大利亚等国的众多鸟类科研工作者和鸟类爱好者接踵而来，进行学术研究和观鸟活动。许多专家认为，北戴河是亚洲最好的观鸟湿地和鸟类研究的基地。为有效地保护和开发鸟类资源，当地政府批准建立了北戴河鸟类自然保护区，并成立了鸟类保护协会。

现在，北戴河已成为英国、美国、日本、中国香港和中国台湾等观鸟活动发达国家和地区组织观鸟活动的首选地。

2010年8月，我们来这里观鸟，正遇上了英国的一个观鸟旅游团，旅游团由30多人组成，多为50岁以上的老人。在与他们的交谈中得知，他们参加这样的观鸟旅游团，必须能辨认100种以上的鸟儿才具有报名资格，好在在英国，观鸟已是很普及的活动，取得这样的资格并不是一件很困难的事。他们中的许多人已是多次来北戴河观鸟，遥远的中国，不只东方文明吸引着他们，东方的鸟儿对他们同样也有很强的吸引力。

北戴河观鸟的最佳季节是每年的春季和秋季。春季的3月中旬至5月下旬和秋季的9月上旬至11月中旬，是鸟类迁徙最繁忙的时间，许多候鸟都在这里汇集，因此所能看到的鸟种和数量会比较多。

在这里，鸥类、中小型涉禽都有许多种，成大群活动，容易看见但不容易辨认，对观鸟人来讲极具挑战性。春秋季迁徙鸣禽丰富且多变，每年都可能有新鸟种发现，这对观鸟人的诱惑极大。有时你可以看到极其壮观的鹤类和猛禽集群迁徙场面，这是在其他地方是难得见到的场景。

3月中旬至5月下旬，是冬候鸟迁徙的季节，鹤类、雁类、鸭类以及鸦类成群经过北戴河上空向北去。接着，陆陆续续来到海滩的是种类繁多的鸣禽和鸻鹬类的涉禽，如鸻、秧鸡和蝗鸟等。它们长得并不漂亮，身体大多为与海滩一样的沙土色，成群活动，奔跑迅速，善于飞翔，速度极快。在做一段时间的停留以后它们将继续向北迁徙。它们的繁殖地主要分布在靠北极圈的地方。

在诸多鹬类鸟儿中，大勺鹬是最有特点的鸟儿之一，它也是"鹬蚌相争，渔翁得利"这个成语的主角。它的样子长得有点怪怪的，长长的嘴像一个大勺子。有时候你会感觉,它那长长的嘴会不会拖累它的行走和飞翔。虽然样子有点怪,但那个像大勺子的嘴却是它觅食的最好工具。它可以将嘴深深的插入沙滩和泥中,把生活在下面的甲壳类、软体类的昆虫和小鱼找出来,而其他的鸟就没有这样的好福气了。

随着夏日的来临,夏候鸟开始出现。在当地的繁殖的有池鹭、环颈鸻、戴胜、金腰燕、黑尾蜡嘴雀、黑枕黄鹂等。在早晨和傍晚,可以看见三五成群的金腰燕在空中活动,不停地寻找食物。北戴河雨燕时而低空飞翔,时而腾空而起。特别在蒙蒙细雨时,白腰雨燕并不介意淅淅沥沥的雨滴,

大勺鹬

仍在天空翱翔;碧蓝的海面,点缀数十只展翅高飞,豪放多姿的白翅浮鸥。近年来北戴河沿海湿地附近时常会出现上万只鸥鸟翔集海岸,"万鸟临海"的美景吸引了各地的众多观鸟爱好者来此观看和摄影爱好者争相抢拍精彩的瞬间。

进入秋高气爽的秋季,大批候鸟开始迁徙,只不过这次调转了一个方向,从北往南。11月,白鹳、白尾海雕、丹顶鹤和鸥类陆续出现在北戴河。白鹳飞翔时,头、颈、腿前后直伸,飞行较快,振翅缓慢,特别是两翼摆动时,初级飞羽上下交错,姿态十分优美。普通秋沙鸭、鹊鸭、棕眉山岩鹨、白头鹤、铁爪鹀也都相继到达北戴河地区,在作短暂停留后,它们将继续南迁。

12月鸟类秋季迁徙基本结束,等到来年,鸟儿们又会来一次周而复始的迁徙活动,而观鸟人每年都会在鸟儿的迁徙季节,在这里享受观鸟的盛宴。

瓦屋山——西南山地的观鸟胜地

瓦屋山因远眺犹如一个硕大的瓦屋而得名。它地处四川眉山洪雅县与雅安荥经县交界处,最高海拔3522米,青衣江从瓦屋山下的洪雅流过,与峨眉山、贡嘎山遥遥相望,清朝诗人何绍基对此有形象的描绘:"须臾白雾起,如绵如浪。溶作一天云,匿尽千重嶂"。自唐 宋以来,瓦屋山因其神奇秀美与峨眉山并称为蜀中二绝,享誉千载。

瓦屋山的上山缆车

瓦屋山国家森林公园总面积693平方千米,海拔2840米,有鸽子花故乡、杜鹃花王国之美誉。瓦屋山的鸟类资源极为丰富,已有记录近300多种,以鸦雀类、雀鹛类、噪鹛类闻名世界,是国际重要鸟区和国际著名的观鸟胜地,吸引着全世界的观鸟爱好者。

观鸟数年,随着个人看到的鸟种的不断增加,西南地区鸦雀和鹛类对我们的诱惑越来越大,到瓦屋山去观鸟成了我们常常谈起的一个话题,那些色彩斑斓的小精灵让瓦屋山成为让我们魂牵梦萦的地方……

"2009·瓦屋山观鸟大赛"让我们梦想成真。

去瓦屋山之前，我们认真地做了功课，对观鸟的路线及其鸟种在各条线路上的分布情况做了详尽的了解，并对照图册仔细查看，以便在看到时不错认不漏认，可谓是铆足了劲蓄势待发。

瓦屋山观鸟可分为三个区域，一是从山门到珙桐山庄，这一路的目标鸟种为雉类，有红腹角雉，白腹锦鸡，白鹇等。二是珙桐山庄周边，那里是噪鹛的天下，棕噪鹛，丽色噪鹛，眼纹噪鹛，灰胸薮鹛都比较常见。三是山顶，有象尔山庄、兰溪瀑布、鸳鸯池等几条路线，那里则是鸦雀的乐园，如暗色鸦雀，三趾鸦雀，褐鸦雀，红嘴鸦雀，黄额鸦雀等等。这些鸟大部分是我国西部的特有种，也是我们的目标鸟种。

满怀着憧憬我们来到了位于茶马古道上的瓦屋山，踏上了瓦屋山观鸟之旅。

6月3日大赛开始，我们乘坐的大巴进入山门后，路上出现了画着珙桐和白腹锦鸡的标志，进入雉类的常见区域时，一车的人都兴奋起来，希望车能开慢一点再慢一点，可以让我们一睹为快。但大巴车却为了赶上观鸟大赛开幕式，在狭窄曲折的山路上疾速飞驶。这样一来，即使有鸡也不敢出来了。路上鸡没看到只好寄希望上山后能够如愿以偿。

到了珙桐山庄，进行了简短开幕式后，就进入了比赛。我们队决定先坐缆车上山顶。

刚上缆车就看到一道蓝光从眼前闪过，定眼看去是一只全身披着蓝色羽毛的小鸟，啊，铜蓝鹟，它站在距离我们不到十米的树尖上，正睁着圆圆的大眼睛疑惑地看着我们，仿佛在问：你们干嘛用望远镜看我呀？遗憾的是这只鸟出现的太突然，我还没准备好相机，它便飞走了。没能拍下它美丽的倩影，让我后悔不迭。

这只漂亮的蓝色精灵似乎给我们带来了好运，随后好鸟不断出现，一发而不可收。三趾啄木鸟、白领凤鹛、橙胸姬鹟、旋木雀、金色林鸲、异色树莺、灰蓝姬鹟与我们不期而遇，红嘴鸦雀、三趾鸦雀，褐鸦雀，红嘴鸦雀，黄额鸦雀则近

小熊猫

在咫尺，黑顶噪鹛、丽色噪鹛、灰胸薮鹛、酒红朱雀、棕尾褐鹛、褐冠山雀尽收囊中。从象尔山庄至兰溪瀑布、从兰溪瀑布到鸳鸯池，再到山腰的珙桐山庄，真是时时有惊喜，处处有收获，我们常常都处于激动和兴奋之中。

观鸟的兴奋让我们忘却了在最佳位置远眺贡嘎和峨眉两座山峰，也无暇去观赏瓦屋山日出和云海，更没有在号称全球落差最大的瀑布——兰溪瀑布前留个影，而是乐此不疲的流连于鸟群出没的地方，沉浸在与它们相遇的幸福之中。

值得一提的是在去鸳鸯池路上，我们意外地看到了两只正在求偶的小熊猫，当时我们这群人既兴奋又不敢出声，生怕打扰了它们，只能打手势传递消息，它们也好像知道我们不会伤害它们，旁若无人地亲昵嬉戏，直到小熊猫双双依偎着离开，大家才欢呼雀跃起来。

据说就是当地人在瓦屋山看到野生小熊猫也是一件不容易的事情，这种小概率事件竟然被我们碰上了，不能不说与小熊猫有缘。

在中国的野外观看野生哺乳动物的难度要大大超过观看鸟类，因此有"一兽顶十鸟"的说法呢，我们真是很幸运！

当然，这次瓦屋山观鸟之行也有一些遗憾，没看到瓦屋山的招牌鸟——暗色鸦雀，也有好多目标鸟种未能实现。但在这个并不是十分理想的观鸟季节，两天时间观察到45种鸟，增加

瓦屋山的招牌鸟——暗色鸦雀（王昌大 摄）

20多个新种,已算是收获颇丰,不虚此行了。

莲花山——西部高原珍稀鸟类栖息地

2009年5月端午节期间,甘肃省莲花山国家级自然保护区举办观鸟节,热情欢迎全国各地的观鸟爱好者参加。

得到通知,我们立刻报了名。要看更多的鸟,就去更多的地方,这是增加自己鸟种记录的不二法则。

莲花山国家级自然保护区位于甘肃南部,是黄河支流——洮河的重要水源涵养区之一。是珍稀鸟类和豹等濒危动物的繁殖和栖息地,属野生动物类型自然保护区,是全国51家示范保护区建设单位之一。

莲花山国家级自然保护区

区内有各类动物764种,国家重点保护动物有39种,其中,一级保护野生动物有豹、麝类、鹿类、雉鹑、金雕、斑尾榛鸡等10种;二级保护动物有苏门羚、岩羊、四川林鸮、血雉、蓝马鸡等29种。还有蓑羽鹤、胡兀鹫、中华秋沙鸭、淡腹雪鸡、暗腹雪鸡、蓝耳翠鸟等珍稀鸟类。

另外，莲花山国家级自然保护区还是被誉为"东方狂欢节"的世界非物质文化遗产"莲花山花儿"的故乡。

每年的农历六月六，响遏行云的民歌艺术盛会"花儿会"在莲花山举行。届时，莲花山上山下，到处是兴致勃勃对歌的汉、回、藏、东乡、土等少数民族的歌手，而村头的孩子们，也会编好了马莲草绳，准备拦路和游人对歌。

不过此次我们专为鸟儿而来，无暇顾及民歌会。

观鸟一开始，我们就有了一个小小的教训。在自然保护区管理局附近的村庄里，我们看见一种很像北红尾鸲的小鸟，橙红色的腹部，黑色的翅上有白斑。第一天我们都认为是北红尾鸲，因此没有细看，不过总觉得有些异样。于是第二天再仔细观察，发现这种小鸟虽然与北红尾鸲相似，但也有明显的差别。首先两者虽然都有翅斑，但是该鸟翅斑呈条状，北红尾鸲翅斑呈三角形块状；其次，北红尾鸲身上的灰色主要集中在头部和背部，中间有间隔，而该鸟身上的灰色从头、颈、背一直连续下来；最后，北红尾鸲雌鸟有翅斑，而该鸟的雌鸟没有翅斑。经与《中国鸟类野外手册》仔细比对，确认为黑喉红尾鸲。

此事让我们提高了警觉，在一个新的地方看到的似曾相识的鸟，不要轻易下结论，要仔细观察。细微的差别，往往就是两个不同的鸟种。

我们沿着山路边走边搜寻，一路收获了白眉朱雀、斑胸短翅莺、褐头山雀、褐冠山雀、黑冠山雀、淡眉柳莺等新种。

路旁的草丛中传来窸窸窣窣的响声，不一会，两只血雉走上了我们面前的公路。大家手忙脚乱地拿相机的拿相机，举望远镜的举望远镜。

血雉倒是不紧不慢地穿过公路走到另一边，下到坡下去了。留下我们这些人，看清了的、拍到了的兴高采烈，手、眼慢一点，未看清、未拍到的满脸沮丧。

血雉，别名血鸡、松花鸡，属于雉科，为国家二级保护动物。雄鸟大覆羽、尾下覆羽、尾上覆羽、脚、头侧、腊膜为红色，故称血雉。在甘肃，因其胸侧和翅上覆羽沾绿，被称为"绿鸡"；因其羽毛形似柳叶，又称为"柳鸡"。

血雉是我们这次观鸟的目标鸟种之一，因为它主要分布在我国的青藏高原东部至甘肃的祁连山和陕西的秦岭山脉。要看到它，只能在这些地方。

五月正是柳莺繁殖的季节，一路上，柳莺的叫声响彻山谷。莲花山是柳莺的重要繁殖地，柳莺种类多，数量也多，许多鸟类研究机构和人员在上面设有研究点。

柳莺因其个头小，活泼好动不容易观察清楚以及种与种之间差别小等原因，辨认起来不是一件容易的事，许多观鸟多年的鸟人，看到柳莺也会因辨认困难而头痛。

在山上遇见中国科学院动物研究所正在做柳莺繁殖研究的老师，他告诉我们，辨认柳莺，最好的办法是听，听柳莺的鸣叫声来分辨。虽然柳莺的形体和色彩差别不大，但它们的鸣叫声却很容易区别。这让我们又学到了一招。

莲花山也是斑尾榛鸡的重要繁殖地。斑尾榛鸡为中国特有鸟种，只产于中国甘肃、青海、四川等地，是我们这次观鸟的目标鸟之一。

斑尾榛鸡因分布区狭窄，加上人为和天敌的侵害，数量日少，处于濒危，是中国国家一级保护动物，有关部门和单位加大了对它的研究和保护。

山上的研究人员告诉我们，此时正值斑尾榛鸡的繁殖期，树林中划出了许多斑尾榛鸡的繁殖区，让我们不要进去惊扰了它们。因此，此行我们未能看到斑尾榛鸡，只是远远地看到有几只疑似的在密林中，留下了些许遗憾。

血　雉(关培 摄)

此行虽然未能看到斑尾榛鸡，但收获还是不小，除上述所讲到的鸟儿外，还看到白眶鸦雀、灰头鸫、宝兴歌鸫、白脸鸻、鹪鹩、栗背岩鹨、凤头雀莺等，这些都是我们收获的新鸟种。

莲花山自然保护区是一个新的观鸟点，观鸟节也是初次举办。我们打算有时间再来，这样好的观鸟地，只来一次是远远不够的，何况，我们还留有一个遗憾，斑尾榛鸡呢！

海南岛——国内热带鸟的天堂

每每在电视节目中看到的热带雨林中那些漂亮鸟儿，着实让我们羡慕不已。每个观鸟人，都希望去热带雨林亲眼看看那些五颜六色的鸟儿，色泽艳丽是热带雨林中鸟儿的一大特点。

观看热带雨林中的鸟儿，在我国海南岛当为首选。海南省位于中国最南端，是我国唯一处在热带地区的省份。海南岛地处热带北缘，属热带季风气候，素来有"天然大温室"的美称，这里长夏无冬，年平均气温22~26℃。特殊的地理位置和气候条件，使这里的鸟类也最具热带鸟的特色。

有人将海南的牛岭作为海南热带亚热带的分界线，其实是不对的。海南岛全岛屿都是在南北回归线之间，所以应该说全省都地处热带而不是一半在亚热带。而牛岭是五指山脉的延伸，它只是海南岛南北方的地貌分界线，而不是地理分界线。

海南比较成熟的观鸟地有两个，一个是乐东县的尖峰岭国家自然保护区，另一个是昌江县的霸王岭自然保护区。

尖峰岭国家森林公园位于海南岛西南部，距粤海铁路、环岛高速公路尖峰出入口7千米。总面积447平方千米。尖峰岭是中国现存面积最大、保存最完好的热带原始雨林，地跨乐东、东方两个黎族自治市、县。主林区面积260多平方千米。主峰海拔1412米。离滨海城市三亚50多千米。保护对象主要是热带原始雨林和栖息于此的长臂猿、孔雀雉等珍稀动物。

尖峰岭是中国热带森林的典型代表和地球热带北缘地区重要的生物种源基因库。这里森林植被多样,有植物种类2800多种,其中热带珍贵树种有80多种。

尖峰岭已记录的鸟类有200多种,国家重点保护的珍稀鸟类有:孔雀雉、白鹇、原鸡、鹰雕、黄嘴白鹭、海南山鹧鸪和海南虎斑鳽等。浑身亮黄的海南柳莺是这里的特有种。还有那些衣着华丽,鸣声悦耳的黑眉拟啄木鸟、赤红山椒鸟、叉尾太阳鸟,在林海绿波中时隐时现,翩翩起舞,尽情地享受大自然给予的厚爱。

就在住地附近,我们就收获了不少新种,如黑眉拟啄木鸟、灰喉山椒鸟、海南柳莺等。

黑眉拟啄木鸟

我们来的这几天,每天上午10点之前,四周百鸟齐鸣,鸟儿一群又一群从你面前飞过,让人应接不暇,观鸟人把这种现象称为鸟浪。10点一过,却又是万籁俱静,鸦雀无声,不知鸟儿藏在了什么地方。其实这时鸟儿并没有走远,只是进了林子,停止了鸣叫,安静下来罢了。

于是我们开始钻入密林,寻找新的鸟种。在一片林子里,我们发现了白喉扇尾鹟。它在不远处展开扇子样的尾巴,做出各种姿态,扭来扭去。最有意思的是我正在拍它的时候,它竟向我迎面飞来,弄得我措手不及,取景器里一片模糊……

从尖峰岭到霸王岭只需小半天的车程,清早出发,中午便到了。

霸王岭自然保护区横跨东方市、昌江和白沙黎族自治县,位于海南环岛线路的西线一则,距海口约200千米。是中国唯一保护长臂猿及其生存环境的国家级自然保护区,占地面积6600多公顷。

145

霸王岭自然保护区

霸王岭林区是海南热带雨林的典型代表，气候温和，雨量充沛，动植物种类繁多，生态系统完整，生态功能齐全，具有典型性、独特性、珍稀性、多样性四大特征。分布有野生植物2213种，野生动物365种。其中独有的海南长臂猿是全球现有的灵长类动物中数量最少、极度濒危的物种。

保护区内鸟类很多，橙腹叶鹎、红头咬鹃、灰喉山椒鸟、叉尾太阳鸟、黑枕王鹟等，都极具热带鸟色彩艳丽的特色。

吃过午饭，我们恰巧又赶上鸟浪，赤红山椒鸟、叉尾太阳鸟、暗绿绣眼鸟等一拨接着一拨飞到我们面前，它们在树枝上不停地跳动、觅食，然后飞走，走了一批又来一批。我们也不停地举起照相机，努力捕捉那些移动的精灵，一直让我们看得眼发酸，拍得手发抖。

鸟浪刚刚过去，我们便看到一只红头咬鹃静静的蹲在不远的树上，似乎在那里专门等着我们，这一下子又让我们兴奋起来，赶紧举起照相机飞快地按下快门。

红头咬鹃并不急于飞走，直到我们拍到满意，它才懒懒地飞到密林深处去了。

霸王岭让我们享受了一次观鸟大餐！

云南——中国鸟类最丰富的地方

红头咬鹃

去云南我们并不是专为观鸟，而是去旅游。不过在旅游中搭载观鸟的内容是一个不错的选择。

我们知道，旅游出行的线路不同其价格也不同。我们衡量一个旅游产品的优劣，它的性价比是一个十分重要的参数，通常性价比越高越合算。旅游产品的性价比一般是由线路中安排的内容和价钱所决定的，因此，当你选定了旅游产品以后，性价比就确定了。

不过，如果在旅游时你带上望远镜一路观鸟，你的旅游线路中就多了一项内容，而所花的钱并没有由此增加，无形中提高了你旅游的性价比，这岂不是一件很划算的事情吗？

现在除了专门的观鸟旅游线路以外，通常的旅游线路并不安排观鸟，但这并不妨碍我们在旅游的同时和间隙，如等车的时候、等开饭的时间以及途中小憩的时间拿出望远镜来观看那些大自然的精灵。

云南拥有丰富的自然资源，除了素有"植物王国""有色金属王国""药材之乡"的美誉之外，同时也是名副其实的"动物王国"。其中已记录的野生鸟类有848种，接近世界鸟类种数的9%，中国的65.5%。中国的99种特产鸟类中，云南分布有39种，占39.4%，而以雉类和画眉亚科种类尤为丰富，有"雉类王国"和"画眉王国"之称。云南众多的生境类型、丰富的鸟类物种多样性为观鸟提供了良好的基础，是许多观鸟人梦寐以求的地方。

云南省也是将观鸟纳入旅游内容较早的省之一，除了每年冬天到昆明城里的翠湖公园看漫天飞舞的红嘴鸥已成为云南旅游的精品项目之外，还推出了谷律乡卧云山、易门大龙口、巍山县"鸟道雄关"、安宁温泉附近的鱼尾里、丽江拉市海、洱源县"鸟吊山"六大观鸟点。

其实，观鸟不一定非要到深山老林里，在生态环境好的地方，城市里也有许多地方可以观鸟，昆明就是这样的地方。在别处很难看到的蓝翅希鹛，在昆明理工大学的苗圃里，它们竟成群的在我们不远的地方蹦蹦跳跳。在昆明植物园，我们收获了漂亮的小家伙——金额雀鹛和黑胸鸫等新种。

这次旅游我们走的是西北方向，打算去丽江和香格里拉，第一站是丽江。在丽江游人都会去黑龙潭公园，这里有观看玉龙雪山的最佳角度，我们也是如此。此时正值秋季，潭水边的满园金色，映衬着远处蓝天下的玉龙雪山真是美极了。当然我们在欣赏美景时也没有忘记观鸟，我们一边沿着潭边的小路欣赏着美景，一边寻找树上的鸟儿。很快，我们就收获了褐头雀鹛、高山旋木雀、黑头奇鹛等等。

蓝翅希鹛

褐头雀鹛

黑龙潭公园和玉龙雪山

褐冠山雀

在丽江，我们也参加了旅游项目中的那什海观鸟。说实话，这只是一个旅游项目而已，和真正意义上的观鸟根本不是一回事儿。

由于时间有限，在香格里拉不能去更多的地方，于是我们选择了去普达措国家公园。作这个选择有两个考虑，一是据说希尔顿小说《消失的地平线》里描绘的人间仙境，与普达措景色相似的最多；二是普达措景区里有两条绕湖的步行线路，这为观鸟提供了有利的条件。

事后证明这个选择是对的，在普达措我们收获了黑眉长尾山雀、粟臀䴓、褐冠山雀、白眉雀鹛、大噪鹛等。最有意思的是褐冠山雀，由于冬季食物缺乏的原因，它们常会跟着在游人一路随行，或者在游人休息的地方寻找吃的，根本不惧怕人。

在碧塔海我们远远看到许多鸭子，遗憾的是，此行我们没有带高倍的单筒望远镜，无法分辨出是哪些种类。

云南是每个观鸟人都十分向往的地方，仅仅来一次是远远不够的，何况还不是专门为观鸟而来。从离开云南的那一刻起，我们就开始规划什么时候再专门为观鸟来云南，那时我们要去西双版纳、去滇西、滇东南和哀牢山……

普达措国家公园

大老岭——养在深闺人未识

湖北三峡大老岭位于长江三峡西陵峡北岸的宜昌市夷陵区，南与举世瞩目的三峡工程对峙，西与屈原故里毗邻，北与昭君故乡接壤。距宜昌市城区100千米，距三峡大坝70千米。总面积64平方千米，平均海拔约1300米。最高峰天柱峰海拔2005米，因直立如柱而得名。大老岭天然植被保存完好，林木葱郁，峭壁深壑，清溪漱瀑，气候湿润凉爽。森林覆盖率96.6%。拥有维管植物167科803属2085种，其中国家重点保植物37种。脊椎动物59科134属185种，其中国家重点保护陆生脊椎动物26种。被誉为华中地区"物种基因库""动物乐园"。

三峡大老岭自然保护区

我们去大老岭观鸟，源于一次鸟撞事件。

2008年10月1日，在湖北三峡大老岭自然保护区，夜晚突然出现成群的鸟儿不断地撞向区内的建筑物，造成大量伤亡。

第二天，悲剧再次上演，不断有鸟类撞向山上的建筑物。

由于三峡大老岭自然保护区位于长江三峡西陵峡北岸，紧邻世界上最大的水利工程——三峡水电站的坝首，为生态敏感区域，这次飞鸟撞墙事件引起有关方面高度重视，科研人员和专家立即赶赴现场。通过现场勘察、查阅资料和实验分析，科研人员和专家最终揭开了鸟类"自杀"的缘由。

原来，候鸟迁徙多是在夜间，它们依据星辰来辨别方向。当遇到有浓雾的天气，鸟类将无法看到月亮和星星，此时如果地面有强光源，在雾的作用下就会形成一片亮白区域，给鸟类提供了"自然光"的假象，引导它们向有亮光的方向飞行。而灯光通常在房屋里或附近，而房屋的受光面往往是最明亮的地方，于是造成鸟儿误撞建筑物死亡。

那几天，天空下着小雨并伴有浓雾。天黑时，山上房屋里的室灯和建筑物周围的10多盏泛光灯亮起，形成了一片明亮的区域。而10月正值候鸟迁徙季节，鸟儿在大雾中迷失了方向，只好向有亮光的方向飞去，正好撞上了山上的建筑物。

破解鸟类撞墙之谜以后，保护区采取了各种措施，如减少保护区照明用灯的数量，拆除室外泛光灯，在鸟类迁徙季节加强监测工作和灯光的管理。从此，再未发生鸟类撞墙死亡现象。

鸟撞事件也给了人们一个启示，既然在鸟类迁徙季有大量鸟儿经过这里，那么，大老岭就很有可能是在鸟类迁徙的路线上，也就是说，这里有很好的鸟类资源。

在省野生动植物保护协会的推动下，2009年，有关部门授予大老岭自然保护区为湖北省观

灰翅噪鹛

151

观鸟篇　四、为鸟走四方

鸟基地。

大老岭位于川东鄂西，这里是大山区，以栖息于高海拔地区的鹛类为其特色鸟种。噪鹛类的鸟儿，如白喉噪鹛、橙翅噪鹛、灰翅噪鹛，喜欢在不高的灌木林中跳来跳去，不停地发出吵闹的声音，它们噪鹛的名字就是这样来的；白领凤鹛喜欢站在高高的树端四处张望，它竖起冠羽像是十分高傲的样子；还有许多像森林中小精灵一样的小不点鸟儿，如红头穗鹛、灰眶雀鹛、棕头雀鹛等，穿行在密密的灌木丛中，一眨眼就不见了踪影。

大老岭所记录鸟种已有200多种，其中不乏黄脚三趾鹑、仙八色鸫、眼纹噪鹛等珍稀和少见的鸟类。

大老岭也是雉类的天下，人们常在公路上见到红腹锦鸡散步，它身上红色羽毛鲜明亮丽，头上冠羽金光闪耀，行走姿态尤显雍容华贵，我相信那一定是你见到过最美丽的鸟儿之一。

如果你的运气好，还有可能看到很少见的勺鸡。我们那次见到它，就被它弄了一个措手不及。车正沿着公路慢慢往山上开，突然一只大鸡出现在眼前的公路上。勺鸡！有人在车里小声惊呼，车立即停了下来，车里人大气不敢出，紧紧盯着这只长着飘逸型耳羽束，造型很"酷"的鸡。小龙老师悄悄摇下车窗，伸出照相机，记录下这难得的"艳"遇。

勺鸡似乎并不理睬我们的关注，它沿着公路走了一段，慢慢进到路边消失在草丛里。

悠闲地走在路上，听着鸟鸣，寻着声音，透过望远镜，在树

勺　鸡

丛中仔细搜索着不断跳动的生命。突然，一只鸟惊叫着拍打着翅膀从你头顶飞过，吓了你一跳，其实是你吓着它了……观鸟，便是这样的惬意。

走马观"鸟"在南非

飞机在开普敦国际机场的跑道上还没停稳，我便急切地透过弦窗向外看，我想知道，我在非洲见到的第一只鸟是什么。

飞机场的围栏上站着几只似乎是黑色的鸟，因为太远的缘故看不太清楚，形状似鸦，比乌鸦稍小。一会它们飞起来了，我看见了它们长着红色的翅膀。后来的几天，我认识了它们，它们是红翅椋鸟。

红翅椋鸟在南非分布很广，在开普敦四处可见，也不太怕人。尤其在一些旅游区，它常在游人小憩的地方，跟在旁边找吃的，甚至跳上餐桌与你共享美食。

听人说，非洲是野生动物的天堂，此话一点不假，虽然我没有去塞伦盖蒂和马赛马拉大草原，但在城市你也可以领略一斑。

早餐桌上的红翅椋鸟

我们住的酒店门前有一个不大的街心花园，花园的中央是一个喷水池。每天清晨都会有许多鸟儿在花园里寻食，在水池里洗澡。一种长着红眼眶的大鸟引起了我的注意。

它们一共两只，每天清晨来到街心花园，在四周的草地上吃草，在水池

153

里洗澡，一切打理好后，便飞走了，第二天再来，这里俨然成了它们的食堂和澡堂。

第一眼看到它们的时候，它们的两个大眼圈给我留下了很深的印象，于是先入为主的给它们起了个名字——眼镜鸭，后来发现我弄错了。该物种的模式产地在埃及，因此给它起名叫埃及雁，又因为它们属鸭科，因而虽然称为雁，但实际上是麻鸭的一种。

埃及雁是一种凶悍型水鸟，领域性强，除了叫声凶猛外，常袭击侵入领域的小型鸭类及其他动物，很快我就领略了它们的霸道。

我打算把它们拍下来，先是端着相机弓着腰，慢慢向它们靠近，后来发现其实完全没有必要，它们根本就不怕人。当我接近它们时，倒是它们瞪起了大眼虎视眈眈地冲着我大叫起来，好像我侵犯了它们的领地。看我不走，其中一只还掉过头来冲我拉了一泡稀屎。吓得我匆忙拍了几张，收拾相机落荒而逃。

街心花园里每天都可以见到噪鹛，它们更是一副旁若无人的样子，行人，汽车从它们身边经过，它们连头都懒得抬一下。我在离它们只有两三米的地方拍摄，它们也不惊，只顾将长长的嘴伸到地下，将虫子提出来，然后吃掉。

噪鹛的同属彩鹮在我国广东、浙江、福建的局部地区曾有分布。和其他喜欢水的涉禽一样，彩鹮栖息在温暖的河湖及沼泽附近，有时也会到稻田中活动。彩鹮以小鱼、软体动物、甲

街心花园里的野生噪鹮

壳动物、蠕虫以及甲虫为食物。

　　彩鹮在中国的数量本来就不多,而且分布地区十分狭窄,最近几十年来它们赖以生存的栖息地——沼泽的不断消失和河湖面积的日渐缩减,使它们的数量日益减少。同时日益严重的环境污染,造成水中所含的有害物质增多,更使得它们的生存环境雪上加霜。终于,人们突然发现再也找不到彩鹮那美丽的身姿了。中国濒危动物红皮书不得不宣布彩鹮在中国绝迹。

　　南非北部的比林斯堡野生动物园,是南非第四大野生动物园,占地面积500多平方千米。这里有狒狒、长颈鹿,大群的角羚、斑马和瞪羚,还有庞然大物犀牛和非洲象。

　　不过,我最关注的还是那些天空中的精灵。

　　进园不久就看见一只猛禽站在高高的树上,距离太远,车也开得较快,没能认出。

　　一会儿,车停了下来,原来是一群珍珠鸡在前面横过公路。车避让动物,是野生动物园的交通法则。

　　珍珠鸡过去了,车仍没有动,原来两只鹌鹑带着儿女们也准备穿过公路,司机师傅便在车上静静等待。不过这一次鹌鹑们并没有马上穿越公路,而是掉过头来钻进了路边的草丛,大概因为带着孩子的原因,大鹌鹑觉得应该在更安全的情况下再通过。

　　与比林斯堡野生动物园一坡之隔的是非洲最豪华的度假村"太阳城"。原以为度假村中一定是人群熙攘,拥挤不堪,谁知这里虽是游人

红寡妇织巢鸟

155

如织，但仍是一片大自然的景象。

据说为建造这座城，共移植120万株各式的树木和植物，建造出一片人工雨林，城里草地、山泉、瀑布、湖泊、沼泽和涓涓细流的小溪应有尽有。这样的环境自然也是小鸟的天堂。

12月，当地正值雨季，这是野生动物最高兴的季节，也是许多鸟儿繁殖的季节。

长得像马戏团小丑一样的红寡妇织巢鸟在湖边的芦苇丛中做窝，它们不时地叼着长长的草飞进芦苇丛里。黄色的黑头群栖织巢鸟喜欢成群地在一起，将巢建在一棵树上。上百只鸟集聚在一起，叽叽喳喳好不热闹。

在这里我又看到了我认识不久的埃及雁，这次是雁爸爸和雁妈妈带着它们的孩子在湖边的草地上觅食、嬉戏，幸福的一家其乐融融。

埃及雁一家